マシニングセンタ作業
ここまでわかれば「一人前」

チェックシートであなたのレベルがわかる

中部職業能力開発促進センター
森 州範 [編著]

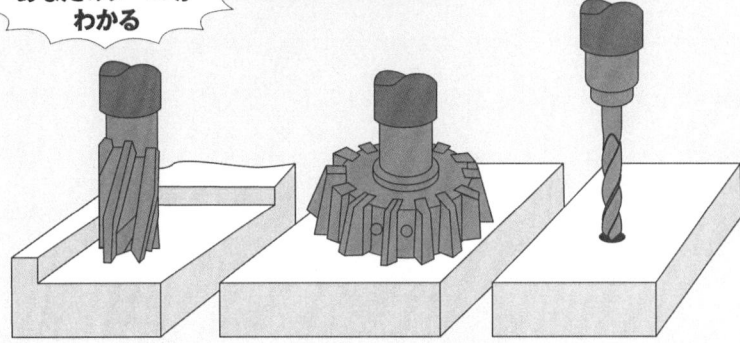

日刊工業新聞社

はじめに

　マシニングセンタは、その名の通り機械（Machine）の中心（Center）として、金型、IT、自動車産業など、世界をリードする日本の産業界においてなくてはならない存在となっている。しかし、これら日本のモノつくりを支えているのは、人であり、それぞれの職務に従事する人たちの夢と教育である。その夢を具現化する道具の一つとしてマシニングセンタがあり、この道具を他ではまねのできない使い方をし、世界的に競争力をもった製品を仕上げるのが、日本の技術力であり、その土台が教育である。

　本書は、技術教育のプロフェッショナル集団である雇用・能力開発機構において、切削加工分野の教育訓練に従事し、初めて切削加工を学ぶ方を対象とした教育から、ベテラン作業者を対象とした教育まで、幅広い技術レベルの教育訓練を担当し日々の教育訓練技法の改善を繰り返す中から、マシニングセンタ作業において「一人前」になるために必要な要素を余すことなくまとめてある。また、高度職業能力開発促進センターにて、切削加工・金属材料分野で日本の第一人者である先生方からご指導いただいたノウハウも存分に注入された内容となっている。

　本書では、まずチェックシートで自己の技術レベルの確認を行い、今知りたいことや即仕事に必要であることなど、興味が湧いた内容から取り組んでいただきたい。そして、本書に記された「切削加工の原理原則」を土台に、慌てずに一歩一歩自己のレベルアップを図り、仕事での小さな成果・小さな喜びを積み重ね、「一人前」と認められ、会社（社会）にとって必要とされる人材となっていただくのが目的である。本書が、今後、日本のモノつくりを背負っていく若い技術者の"一人前への道しるべ"となれば幸いである。

　出版にあたり、われわれ機構指導員を高度職業能力開発センターにて日本の技術力向上のため、惜しみなくご指導いただきましたすべての先生方および、このような機会のご提供と数々のご指導をいただきました日刊工業新聞社出版局の森山郁也氏に深く御礼申し上げます。

目　　次

はじめに …………………………………………………… *i*

《プロローグ》一人前への道しるべ ………………………… *1*

Ⅰ　加工方法

■チェックシート ……………………………………… *12*
切削加工の基礎知識 …………………………………… *14*
フライス加工 …………………………………………… *27*
穴あけ加工 ……………………………………………… *35*
NC加工 ………………………………………………… *41*
その他の加工 …………………………………………… *50*

Ⅱ　切削工具

■チェックシート ……………………………………… *56*
正面フライス …………………………………………… *57*
エンドミル ……………………………………………… *69*
ドリル …………………………………………………… *75*
タップ …………………………………………………… *79*
その他の穴加工工具 …………………………………… *83*

工具材種 …………………………………… 86

III 工作機械

■チェックシート ………………………………… 92
マシニングセンタの構造と種類 ……………………… 93
立形マシニングセンタ ………………………………… 94
横形マシニングセンタ ………………………………… 97
自動工具交換装置 ……………………………………… 99
ツーリングと取付け具 ………………………………… 100

IV 被削材

■チェックシート ………………………………… 108
被削性 ……………………………………………… 110
ミルシートの構成・見方 ……………………………… 112
材料記号 …………………………………………… 114
鉄鋼材料の化学成分 ………………………………… 116
材料特性 …………………………………………… 118
鋼の熱処理 ………………………………………… 125
鋼の表面処理 ……………………………………… 133

V 加工の準備

■チェックシート ………………………………… 136

目 次

製品の製造工程と生産計画 …………………………………… *137*
図面の読取り ……………………………………………………… *139*
加工工程表の作成 ………………………………………………… *150*
ツーリングリストの作成 ………………………………………… *152*
プログラミング …………………………………………………… *154*

Ⅵ 段取り作業

■チェックシート ………………………………………………… *162*
ツールセッティング ……………………………………………… *163*
ワークセッティング ……………………………………………… *173*
プログラムチェック ……………………………………………… *182*

Ⅶ テスト加工

■チェックシート ………………………………………………… *186*
切削条件の再確認 ………………………………………………… *187*
給油の検討 ………………………………………………………… *192*
ワークの測定 ……………………………………………………… *195*
補正量設定 ………………………………………………………… *207*
実生産での注意点 ………………………………………………… *213*

索　引 ………………………………………………………………… *217*

編　著　者

森　州範（もり　くにのり）
独立行政法人　雇用・能力開発機構
中部職業能力開発促進センター　機械系　講師

執　筆　者

《プロローグ》
　　小渡　邦昭
　　　高度職業能力開発促進センター　素材・生産システム系　教授
　　村上　智広
　　　職業能力開発総合大学校　能力開発専門学科　准教授
Ⅰ．加工方法
　　土屋　重助
　　　宮城職業能力開発促進センター　機械系　講師・技術士
Ⅱ．切削工具
　　宮下　英明
　　　関東職業能力開発促進センター　機械系　准教授
Ⅲ．工作機械
　　村田　暁
　　　秋田職業能力開発短期大学校　生産技術科　講師
Ⅳ．被削材
　　川村　協平
　　　東海職業能力開発大学校　生産機械システム技術科　講師
Ⅴ．加工の準備
　　森　州範、小島　健
　　　中部職業能力開発促進センター　機械系　講師
Ⅵ．段取り作業
　　緒方　秀俊、渡辺　大樹、永野　善己
　　　高度職業能力開発促進センター　素材・生産システム系　講師
Ⅶ．テスト加工
　　緒方　秀俊、渡辺　大樹、永野　善己、榊原　充
　　　高度職業能力開発促進センター　素材・生産システム系　講師

《プロローグ》
「一人前」への道しるべ

1 マシニングセンタ作業のキャリア形成

　日々、切削加工としてマシニングセンタ作業に従事されている方々は、QDC（高品質・短納期・低コスト）などの多様な要求に対して的確に対応するためにスキルを高めるにはどのようなキャリア構築が必要であるかを日頃から考えているのではないだろうか。

　これらの多様な要求にできる限り対応できる人を「**一人前**」と言うことができるのではないだろうか。さらに、「一人前」を、これから生じる新たな課題やトラブルに対して、その方法や解決策を構築することと考えるならば、「**一人前になる**」ということは、どのようなことであろうか。経験年数や必要な資格を取得するだけで実現できるとは思われない。つまり、身近な例で考えるならば、「卵料理、肉料理、ご飯の炊き方を個別に習得したからすぐに親子丼を作ることはできない」ということから理解できる。

　製造現場で「一人前」の最高峰と言われる高度熟練技能者の1人は、「**一人前は、細切れの知識・経験が関係づけ（リンク・ネットワーク）られ、全体と個別を行き来する見方ができること**」と述べている。まさしく、図1のように、水平方向の専門領域を横糸で関連付け、それらを複合・発展させるために縦糸でつなぐようにし、個々の狭い領域と全体像を有機的に行き来することである。

　これらの関係を切削の現象から具体的に見てみよう（**写真**1）。

　「鉛筆削り」は日常的に何気なく利用されているが、分解して考えるならば、
・手で鉛筆を支え、刃物のある位置へ移動する
・モータが回転する
・その動力により刃物が回転する

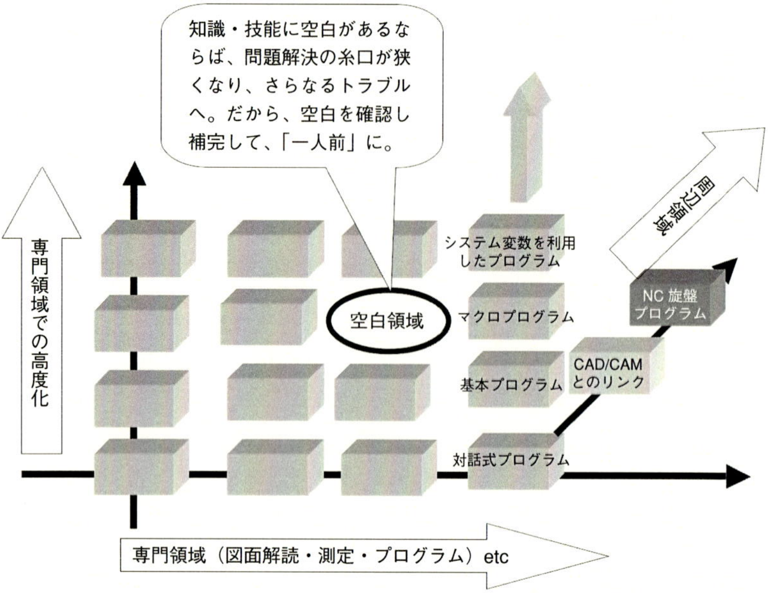
知識・技能に空白があるならば、問題解決の糸口が狭くなり、さらなるトラブルへ。だから、空白を確認し補完して、「一人前」に。
専門領域での高度化
周辺領域
システム変数を利用したプログラム
マクロプログラム
基本プログラム
対話式プログラム
空白領域
NC 旋盤プログラム
CAD/CAM とのリンク
専門領域（図面解読・測定・プログラム）etc

図1　技術領域の考え方

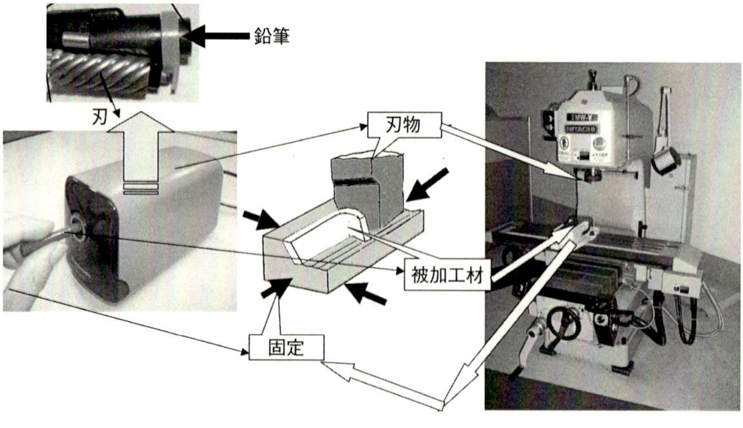
鉛筆
刃
刃物
被加工材
固定

図2　鉛筆削りと汎用フライス盤

・刃物で鉛筆が削られる。

つまり、機械（動力を供給）で刃物（実際に削る）を利用して、鉛筆（被加工材）を手で固定して削るというプロセスになる。マシニングセンタ作業にた

とえるならば

　マシニングセンタ→鉛筆削り本体

　刃物→刃物（機械に一体）

　バイス（被加工材固定）→手と案内穴で固定

　被加工材（製品となる）→鉛筆

と置き換えることができる。どれ一つ欠くことができない要素である。

　故障などでその原因を探る際には、これらの作業の流れと機械の動きの全体像を理解していることが重要となる。このように読者の身近な金属材料を切削して所定の形状を削り出すマシニングセンタ作業においても、同様に一連の流れにより作業を行っている。しかしながら、各プロセスにおいて必要十分な検討・確認を行なっているであろうか。それが不十分であるために不良品やトラブルを誘発しているのではないだろうか。

　つまり、作業を支える知識・経験・技術・技能が有機的に関連付けられていないことや、それらが不足していることが原因と考えられる。だから読者は、これらの重要性を各個人が理解し、縦糸と横糸を紡ぐように知識・経験・技術・技能を積み上げることにより、初めて本当の意味での「キャリア」の構築が可能になり、「一人前」になることができる。

　ここでは、マシニングセンタ作業の現場におけるキャリア形成を支援するロードマップを以下の3つの観点で紹介する。

(1) キャリア形成対象となる職務と必要スキルマップ

　図2は、機械加工技能者（特にマシニングセンタ作業に特化）の作業プロセスにおいて、図面解読から製品加工までの工程で必要となるスキル（知識・技能）を洗い出したものである。このすべてが1人のキャリア形成の対象になるとは限らないが、いずれも機械加工（マシニングセンタ作業）現場における重要な職務である。

(2) 職務能力ロードマップ

　機械加工（マシニングセンタ作業）現場における各職務能力は、いつ頃までに身につければ良いのだろうか。一定のイメージをもっていただくために、各

プロローグ

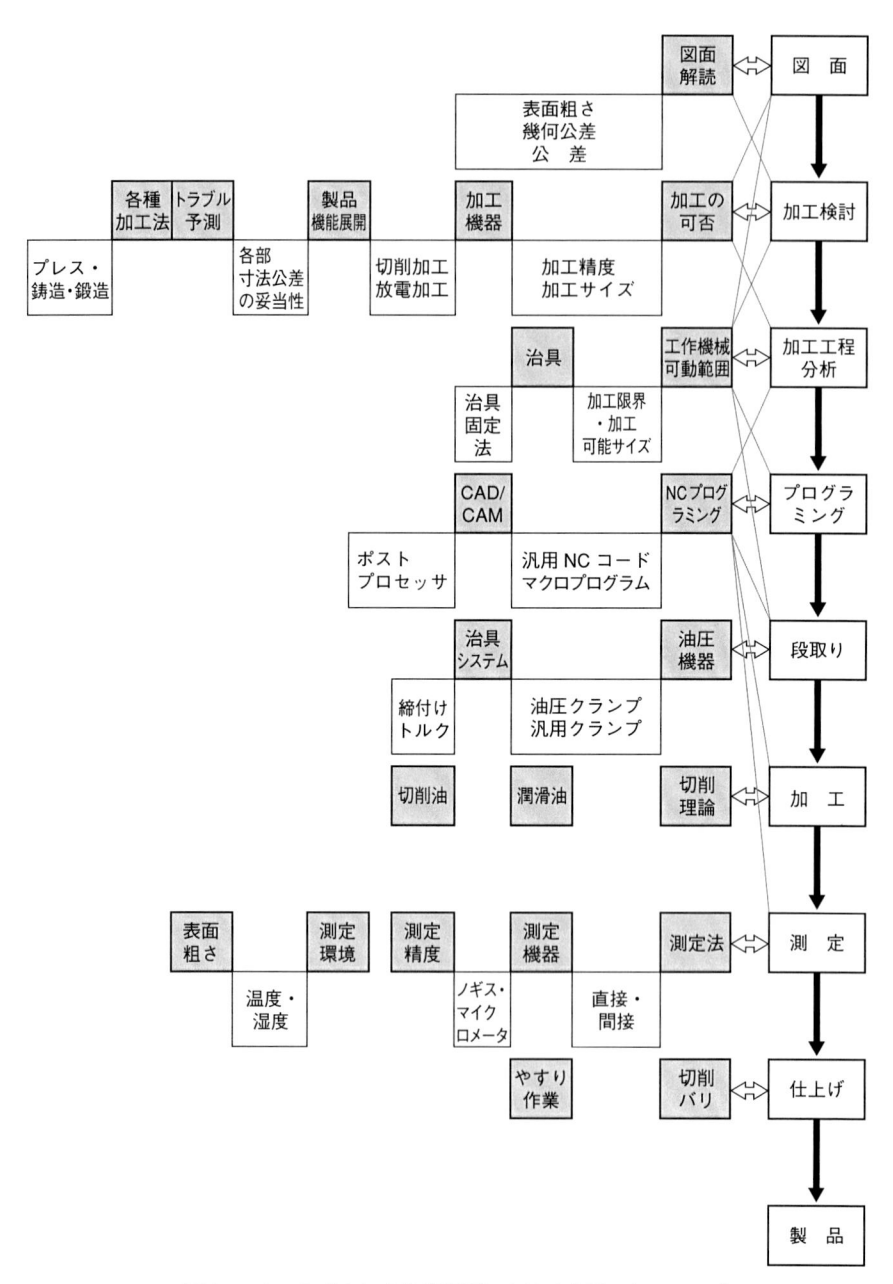

図2 マシニングセンタ作業現場における必要スキルマップ

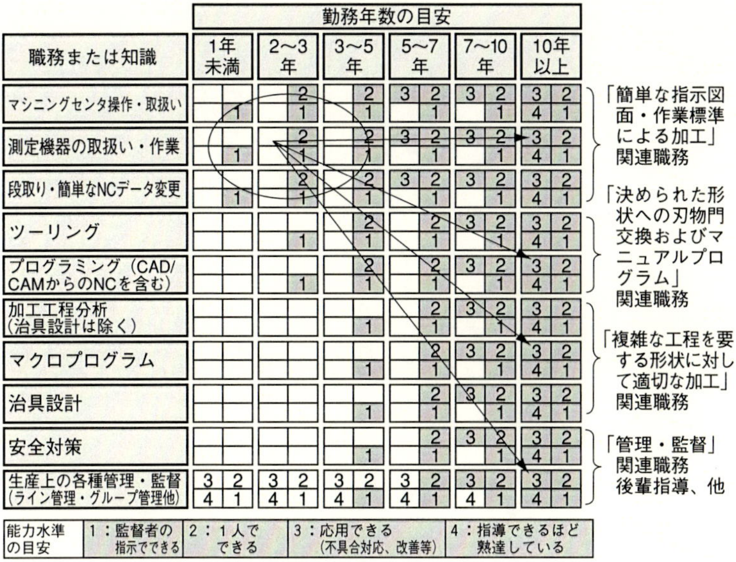

「一人前」への道しるべ

図3　職務能力ロードマップのイメージ

職務または知識	1年未満	2~3年	3~5年	5~7年	7~10年	10年以上	
マシニングセンタ操作・取扱い	1	2/1	2/1	3/1	3/2/1	3/2/4/1	「簡単な指示図面・作業標準による加工」関連職務
測定機器の取扱い・作業	1	2/1	2/1	3/1	3/2/1	3/2/4/1	
段取り・簡単なNCデータ変更		1	2/1	3/1	3/2/1	3/2/4/1	
ツーリング			2/1	2/1	3/2/1	3/2/4/1	「決められた形状への刃物門交換およびマニュアルプログラム」関連職務
プログラミング（CAD/CAMからのNCを含む）			1	2/1	3/2/1	3/2/4/1	
加工工程分析（治具設計は除く）				2/1	3/2/1	3/2/4/1	「複雑な工程を要する形状に対して適切な加工」関連職務
マクロプログラム				1	2/1	3/2/4/1	
治具設計					2/1	3/2/4/1	
安全対策				1	2/1	3/2/4/1	「管理・監督」関連職務　後輩指導、他
生産上の各種管理・監督（ライン管理・グループ管理他）	3/2/4/1	3/2/4/1	3/2/4/1	3/2/4/1	3/2/4/1	3/2/4/1	

能力水準の目安　1：監督者の指示でできる　2：1人でできる　3：応用できる（不具合対応、改善等）　4：指導できるほど熟達している

職務能力の形成時期を例示したものが図3である。

　図中の矢印は、マシニングセンタオペレータからスタートした後のキャリアの道筋である。このキャリア道筋の全職務で熟達者になることは難しいかもしれないが、「一人前」を志向するならば、多くの職務については「3」レベルに到達することを目指すとよいだろう。

(3) **資格取得**

　マシニングセンタ作業に従事するにあたって、プレス加工のように安全確保のために必須とされる資格は多くはない。つまり、必ず資格を必要とする場面は少ないと思われる。しかしながら、「一人前」へのプロセスでは、多くの経験を裏づけする知識や関連知識の過不足が少ないことが求められる。その過不足と第三者的に評価される技能レベルを確認するために、**「技能検定」**を利用することで大きな効果が得られる。さらに、日常作業では、直接関与が少ないが、経験を知識に変えるための裏づけとして必要とされる安全・材料・材料力学・電気・品質管理などの知識を補完することにも有効である。一般的に、マ

プロローグ

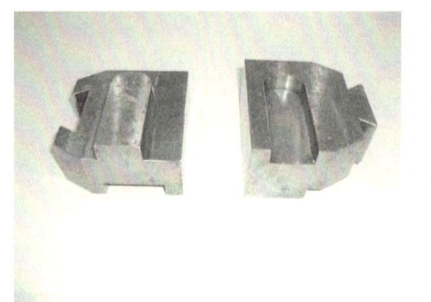

　　　（a）フライス盤作業技能検定課題　　　　（b）数値制御フライス盤作業技能検定課題
写真2　フライス作業系の技能検定例

マシニングセンタ作業に該当する技能検定は、以下のような職種がある。
　・機械加工（フライス盤作業）〔実技課題として**写真2(a)**〕
　・機械加工（数値制御フライス盤作業）〕実技課題として写真2(b)〕
　・機械加工（マシニングセンタ作業）

2 「一人前」の位置付け

　本書で用いる「**一人前**」という表現は、マシニングセンタ作業現場に勤務する職業人を対象にしたものである。その位置付けは、人の成長過程ならびに技能士資格（技能検定）との比較で**表1**のように定義した。「一人前」はゴールではなく「通過点」であることを理解いただきたい。
　図4に**技能チェックシート**への記入要領を示す。主な記入手順は以下の通りである。

表1　「一人前」の位置付け

職業人	新米	半人前	一人前	ベテラン	現場の神様
人	乳児	小人	成人	大人	賢人
技能士	—	—	2級技能士	1級技能士 複数職種2級	特級技能士 高度熟練技能士
技量水準	0	1	2	3	4

（技量水準の目安は図4参照）

— 6 —

「一人前」への道しるべ

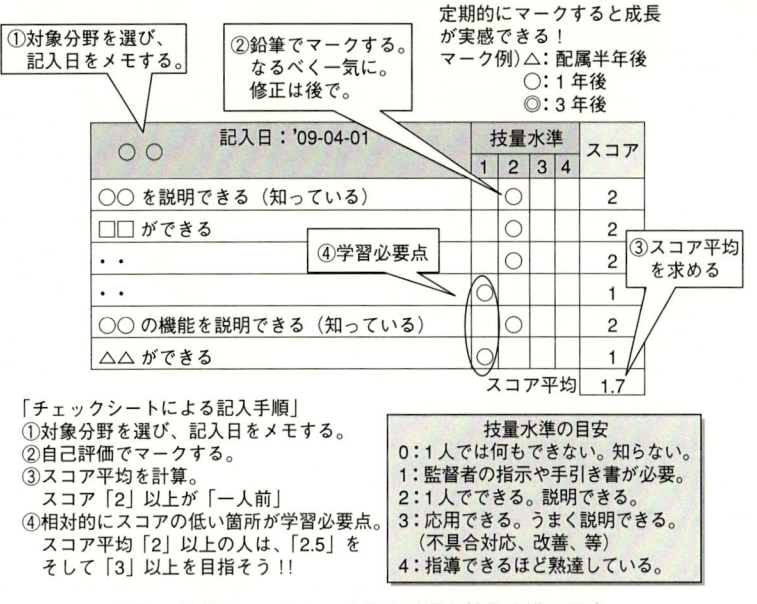

図4 技能チェックシート記入手順と技量水準の目安

吹き出し・注記：
- ①対象分野を選び、記入日をメモする。
- ②鉛筆でマークする。なるべく一気に。修正は後で。
- 定期的にマークすると成長が実感できる！マーク例：△：配属半年後　○：1年後　◎：3年後
- ③スコア平均を求める
- ④学習必要点

表：

○○　記入日：'09-04-01	技量水準 1	2	3	4	スコア
○○を説明できる（知っている）		○			2
□□ができる		○			2
‥		○			2
‥	○				1
○○の機能を説明できる（知っている）		○			2
△△ができる	○				1
				スコア平均	1.7

「チェックシートによる記入手順」
①対象分野を選び、記入日をメモする。
②自己評価でマークする。
③スコア平均を計算。
　スコア「2」以上が「一人前」
④相対的にスコアの低い箇所が学習必要点。
　スコア平均「2」以上の人は、「2.5」を
　そして「3」以上を目指そう！！

技量水準の目安
0：1人では何もできない。知らない。
1：監督者の指示や手引き書が必要。
2：1人でできる。説明できる。
3：応用できる。うまく説明できる。
　（不具合対応、改善、等）
4：指導できるほど熟達している。

①対象分野の選定と記入日を記録

　対象となる分野（チェックシート）を選ぶ。本書には機械加工現場に関係の深い分野を一通りチェックシート化しているので、基本的にはすべてのチェックシートにマークすることをお勧めする。

②マーク記入は「鉛筆」で「一気」に行おう

　マークを入れる際には一気に記入する。律儀な人は悩み始めると筆が止まってしまうからだ。とりあえず埋めてしまうことが先決である。

③スコア平均値の計算……スコア平均「2」未満は能力開発のチャンス到来！

　記入を終えたら、スコア平均を算出する。スコア平均「2」以上を「一人前」の目安としている。該当分野の業務経験が浅い場合や、ものまね作業していた場合は、スコア平均が「2」に達しないことが多くなるが、がっかりする必要はまったくない。スコア平均「2」未満は、能力開発のチャンス到来を意味している。「学習必要分野」や「学習必要点」が明確になったことを喜べば良いのである。人は問題点や目標が具体的であればあるほど、その解決に向けて力

を集中でき、能力の開発・向上が進むからである。

④学習必要点

スコア平均が「2」以上の分野でも、スコアの低い項目はあるはずだ。これも「学習必要点」である。学習必要点に該当する解説文を優先的に読み進めていただきたい。

⑤定期的記入を推奨

チェックシートへの記入は、一定期間経た後に再度行うと効果的である。半年、1年後には変化がはっきり現れるはずだ。自己能力の定点観測を行うことにより、「継続は力なり」を実感できる。

3 技能チェックシートの効果

(1) 自己評価の意義

資格検定や免許のように志願者を選別することが目的で厳格さを要求される試験では、試験官など他者による客観的評価が基本である。これに対し本書の目的は、読者1人1人の「気づき」と「やる気」を引き出し、「学び」のガイド役を勤めることにある。したがって、本書の技能チェックシートは読者各位の主観に基づく自己評価を前提としている。

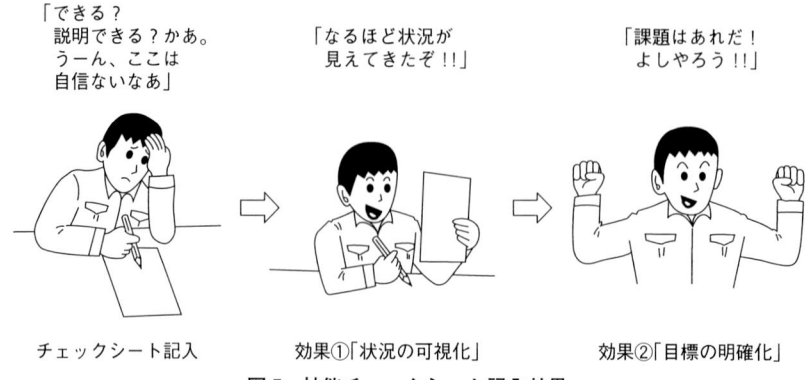

(2) 技能チェックシート記入の効果

技能チェックシートへの記入には次のような効果が期待できる（図5）。

「できる？
説明できる？かあ。
うーん、ここは
自信ないなあ」　　　　「なるほど状況が　　　　「課題はあれだ！
　　　　　　　　　　　　見えてきたぞ!!」　　　　　よしやろう!!」

チェックシート記入　　　効果①「状況の可視化」　　効果②「目標の明確化」

図5　技能チェックシート記入効果

①マーキングにより自己スキル状況が把握できる。→「状況の可視化」
②スコア化により学習必要点が明らかとなる。→「目標の可視化」

　自己評価に基づく「気づき」の素晴らしい点がここにある。人は、「この項目が自分は弱い」、「学びたい！！」というような「気づき＝アンテナ」が胸中に一端立ち上がると、その後は関連する経験や情報、会話にふれるたびに学ぼうとする力が湧き出てくるのである。チェックシートにより可視化された状況、目標を足掛かりに解説文を読み進めていただきたい。

4 チェックシートの活用

(1) 項目と技量水準……理想は自社用にカスタマイズ

　チェックシートの各項目は、マシニングセンタ作業現場を担当している技能者が「一人前」と呼ばれる頃には「知っていてほしい」、「できてほしい」と思われる事項を公約数的にリストアップしたものである。社内で組織的にチェックシートを活用するような際は、項目の数や内容は自社用に適宜、追加、削除などの改善をしていただくのが理想である。

(2) 項目表現のパターン

　自社用に項目をカスタマイズする際は、次の2パターンを基本とすれば良い。
　A：作業行動要素は「～できる」という表現形式
　B：知識・判断要素は「～を説明できる」という表現形式。
　知識の判断要素は一般に「知っている」という表現が用いられるが、読者がチェックシートにマークする際のことを考えると、「知っていますか？」とあいまいに尋ねるより、「説明できますか？」と尋ねた方が自己診断しやすい。ただし、「～を説明できるという」表現が適合しにくい場合は、本書でも「～を知っている」という表現化形式を用いている。

(3) チェックシートの組織的活用……部門別の人財マップ

　すでに人材育成気運が現場に十分浸透している職場では組織的に取り組むことにより一層の効果が期待できる。「技能チェックシート」は、表計算ソフトなどを用いれば、個人別のレーダーチャートや、**図6**のような部門における

プロローグ

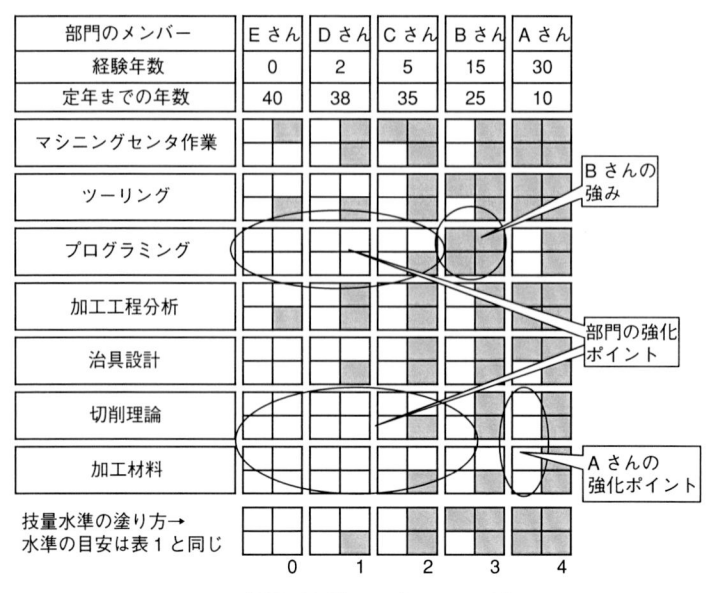

部門のメンバー	Eさん	Dさん	Cさん	Bさん	Aさん
経験年数	0	2	5	15	30
定年までの年数	40	38	35	25	10
マシニングセンタ作業					
ツーリング					
プログラミング					
加工工程分析					
治具設計					
切削理論					
加工材料					

図6 部門別人財マップのイメージ

「人財マップ」へ連動させることもでき、部門の強みや今後の強化ポイントが「可視化」できる。

☆　　☆

　読者が、「一人前」として機械加工を行う場合、現在従事されているマシニングセンタ作業以外にも、製造コスト、加工形状、生産数、精度などの要求から、汎用フライス盤、数値制御フライス盤をはじめ多くの工作機械（放電加工、研削加工、旋盤加工）に関する知識・技能が必要とされる。ですから、本書をきっかけとして、大きなキャリアの柱であるマシニングセンタ作業をより確実なものとして、その後、ここで身に着けた「全体を見て、原理・原則を考える」を活用して、切削・研削加工全体はもとより非切削加工（放電加工、鋳造、鍛造、プレス）まで幅広い基盤をもつ「高いレベルの加工技術・技能の一人前」を目指されることを期待します。

I

加 工 方 法

チェックシート

加工方法

		技量水準 1	2	3	4	スコア
切削加工の基礎知識	加工方法の種類と特徴について説明できる。					
	切削加工のメカニズムについて説明できる。					
	せん断角を求めることができる。					
	切りくずの形態を分類することができる。					
	構成刃先について説明できる。					
	各種加工におけるおおよその切削抵抗を予測できる。					
	切削抵抗の大きさからたわみ量を求めることができる。					
	切削抵抗を軽減させる方法を知っている。					
	各種加工におけるおおよその切削温度を予測できる。					
	切削熱と工具寿命の関係について知っている。					
	テーラーの寿命方程式について説明できる。					
	切削油剤の種類と効果について説明できる。					
	水溶性切削油剤を適正に管理することができる。					
	加工精度に影響を及ぼす因子について説明できる。					
	理論仕上げ面粗さを求めることができる。					
	表面粗さのJIS規格について説明できる。					
	各種加工における工具の選定と工程設定ができる。					
	各種加工における適正な切削条件を設定できる。					
フライス加工	フライス加工における刃振れの影響について説明できる。					
	正面フライスによる平面加工を正しく進めることができる。					
	正面フライスによる加工面精度を正しく評価できる。					
	正面フライス加工におけるエンゲージ角について説明できる。					
	エンドミルによる側面加工を正しく進めることができる。					
	エンドミルによる溝加工を正しく進めることができる。					
	アップカットとダウンカットについて説明できる。					
	エンドミルによる加工面精度を正しく評価できる。					
	エンドミルの刃長と突き出し長さを正しく設定できる。					
	ボールエンドミルによる加工を正しく進めることができる。					
	スローアウェイエンドミルによる加工を正しく進めることができる。					
	サイドカッタによる加工について知っている。					

チェックシート

加工方法		技量水準				スコア
		1	2	3	4	
穴あけ加工	穴あけ加工の種類と特徴について説明できる。					
	ドリルによる穴あけ加工を正しく進めることができる。					
	穴の深さや大きさに応じた工具の選択と各種条件設定ができる。					
	ドリルのシンニングについて説明できる。					
	ライフリングマークについて説明できる。					
	スローアウェイドリルによる穴あけ加工を正しく進めることができる。					
	タップ加工を正しく進めることができる。					
	タップの下穴径とひっかかり率について説明できる。					
	リジットタップについて説明できる。					
	リーマ加工を正しく進めることができる。					
	ボーリング工具による穴あけ加工を正しく進めることができる。					
	穴あけ固定サイクルを使い分けることができる。					
NC加工	NC制御について説明できる。					
	NCプログラムの作成方法について説明できる。					
	基本的なGコードを理解している。					
	基本的なMコードを理解している。					
	その他、NC加工に必要なコードを理解している。					
	工具補正の調整により高精度な加工ができる。					
	カスタムマクロを理解している。					
	NURBS補間について知っている。					
	高速・高精度輪郭制御について説明できる。					
	CAD／CAMとの連携について説明できる。					
	NCデータの転送方法について説明できる。					
	異なる機種のNC装置にも対応できる。					
その他の加工	高速切削加工法について説明できる。					
	高速切削による高硬度材加工の条件設定ができる。					
	5軸制御マシニングセンタによる加工について説明できる。					
	5軸制御機能について知っている。					
	グラインディングセンタについて知っている。					
	研削加工について説明できる。					

Ⅰ．加工方法

切削加工の基礎知識

■加工方法の分類

目的の形状や寸法を得るための加工法には様々な方法がある（**表1、図1**）。**切削加工**は、加工精度、加工コスト、そして加工の適用範囲の広さなどの点で優れており、多くの加工法の中でも主要な方法である。

切削加工は、工具と工作物の相対的な運動の関係により、ワークドライブ（工作物回転）の**旋削加工**と、ツールドライブ（工具回転）の**転削加工**に分けられ、転削加工の多くが**マシニングセンタ**によって行われる。マシニングセンタは、各種加工に用いる工具を自動的に交換しながら **NC プログラム**に従って順次加工を進め、高精度な部品加工や金型加工などに適用される（**写真1**）。また、マ

表1　機械工作法の分類

接合加工	溶接、圧接、ろう付け、接着、締結、‥
被覆加工	肉盛り、溶射、めっき、コーティング、‥
成形加工	鋳造、焼結、射出成形、圧縮成形、‥
塑性加工	圧延、引抜き、押出し、曲げ、絞り、鍛造、転造
機械加工	切削、研削、研磨
その他	放電、電子ビーム、レーザ、電解、‥

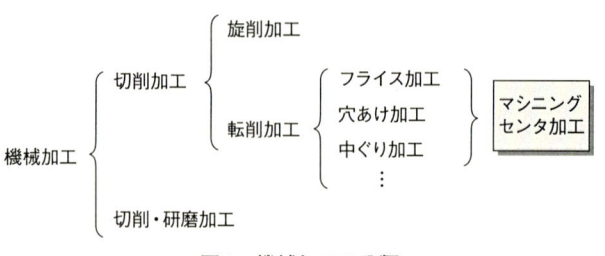

図1　機械加工の分類

シニングセンタは高額な設備であるため、それをいかに効率的に稼動させるかが課題であり、そのためには作業者の高度な技量が不可欠である。

(a) 平面加工（正面フライス加工）

(b) 側面加工（エンドミル加工）

(c) 穴あけ加工（ドリル加工）

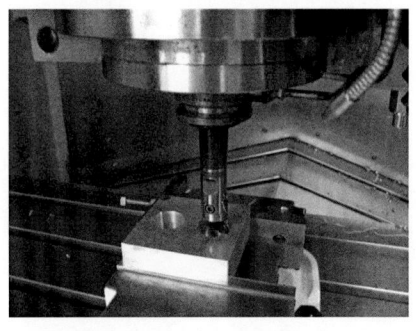

(d) 中ぐり加工（ボーリング加工）

(e) 金型加工

(f) 横型マシニングセンタによる加工

写真1　マシニングセンタによる加工

I. 加工方法

■切削加工のメカニズム

　切削加工は連続した**せん断作用**により行われる。マシニングセンタによる**フライス加工やドリル加工**は複雑な3次元切削であるが、基本的には**図2**に示す2次元切削モデルで理解することができる。

　切削工具の進行によってせん断力を受けた被削材は、せん断面に沿ってすべりを起こし、せん断ひずみによって大きく変形して、すくい面上を**切りくず**として排出される。図2(b)において平行四辺形 ABCD は切削の進行により A′B′C′D′に移動し、これが極めて短時間に連続的に繰り返されていると考えることができる。

　切削加工では、せん断角が重要であり、大きなせん断角で切削比が大きいこと、すなわち薄い切りくずが排出される切削状態が望ましい。

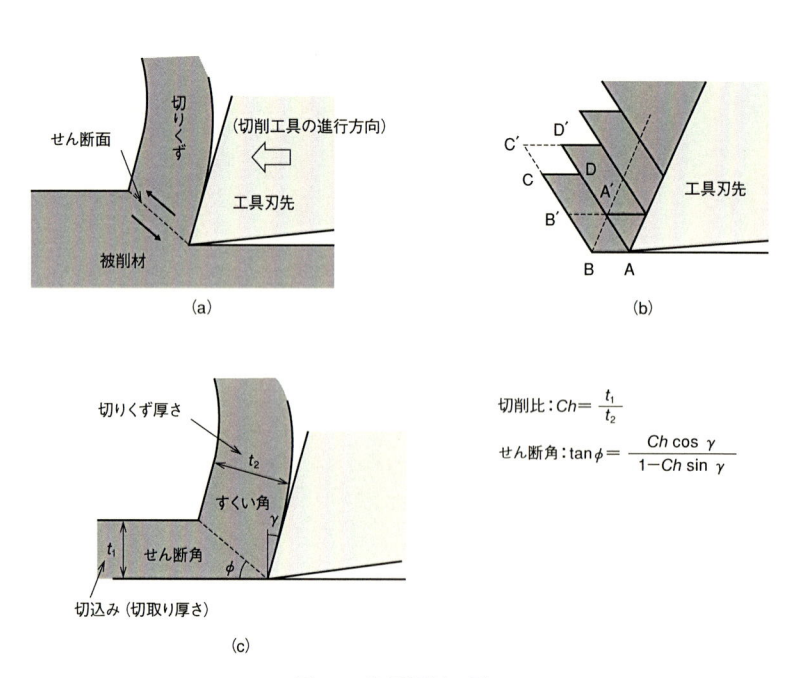

切削比：$Ch = \dfrac{t_1}{t_2}$

せん断角：$\tan\phi = \dfrac{Ch \cos \gamma}{1 - Ch \sin \gamma}$

図2　2次元切削モデル

切りくず形態

切りくずは切削状態を表す鏡である。切りくず形態は被削材質によって大きく異なるが、切削条件や工具形状にもかなり影響される。切りくずは主に以下の4種類に分類されるが、できるだけ**流れ形**になるように条件を整えることが肝要である（図3）。

(a) **流れ形**：工具のすくい面上を連続的に流れるように排出される切りくずで、振動が小さく、一般に仕上げ面も良好になる。安定した切削状態で、最も好ましい切りくず形態である。

(b) **せん断形**：切りくずがある大きさのかたまりとなり、断続的に排出される。流れ形よりも比較的硬い材質のものをやや遅い速度で削った時に発生しやすく、振動が発生して仕上げ面が悪くなる。

(c) **むしれ形**：軟質な金属を低速で削った時に発生する切りくずで、表面をむしり取ったように被削材の内部に向かって小さな裂け目が起こり、表面がざらざらして仕上げ面が悪い。

(d) **き裂形**：鋳鉄のような脆い材質のものを削った時の切りくずで、切りくずが連続せず、分断されて排出される。振動が大きく、仕上げ面も良くない。

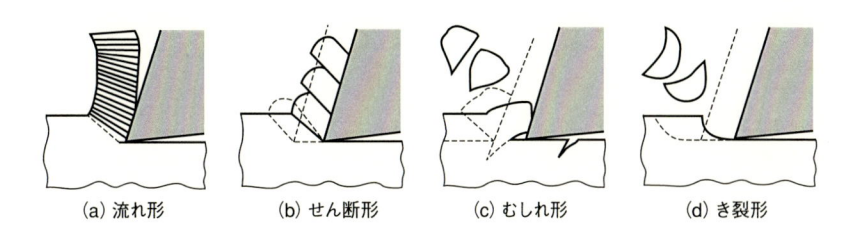

切りくず形態	被削材の種類	すくい角	切削速度	切込み
流れ形 せん断形 き裂形	軟らかくて粘い ↓ 硬くて脆い	大 ↓ 小	大 ↓ 小	小 ↓ 大

図3　切りくず形態

Ⅰ. 加工方法

▎構成刃先

　アルミニウムのような軟質の金属を削ると、刃先に被削材の一部が付着し、層状に堆積して硬い物質となり、本来の刃先を覆って切削するような状況になることがある。この堆積したものを**構成刃先**という（図4）。構成刃先は本来の刃先を保護してくれる役目も果たすが、堆積した部分による過切削となり、寸法精度と仕上げ面を悪化させる。構成刃先は一般に発生から脱落の過程を短い周期で繰り返しており、構成刃先が脱落する際に本来の刃先にチッピングが生じる場合もある。

　構成刃先の防止には以下の対策が有効である。
- ・すくい角を大きくする（切れ味の良い工具を使用する）。
- ・潤滑効果の高い切削油剤を使用する（特にすくい面を潤滑する）。
- ・切削速度を上げる（切削温度を上げる。金属の再結晶温度以上で削る）。
- ・送り速度を上げる。

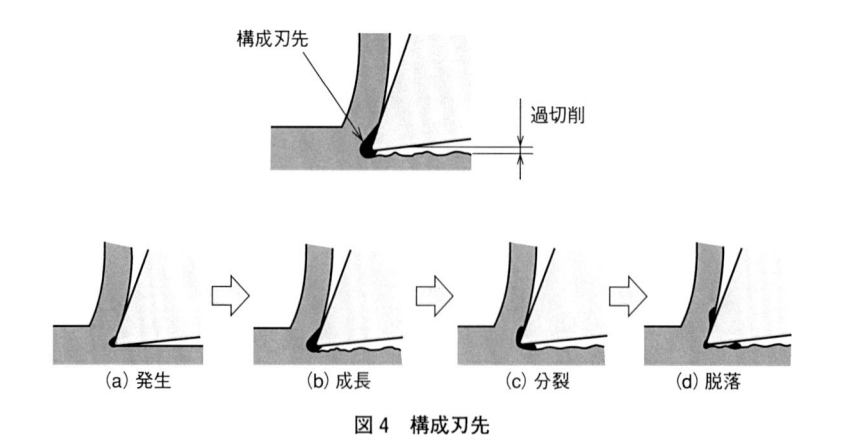

図4　構成刃先

▎切削抵抗

　切削加工に際して切削工具が被削材から受ける力が**切削抵抗**である（図5）。切削抵抗は合成されて一方向にある大きさの力が作用するわけであるが、旋削

切削加工の基礎知識

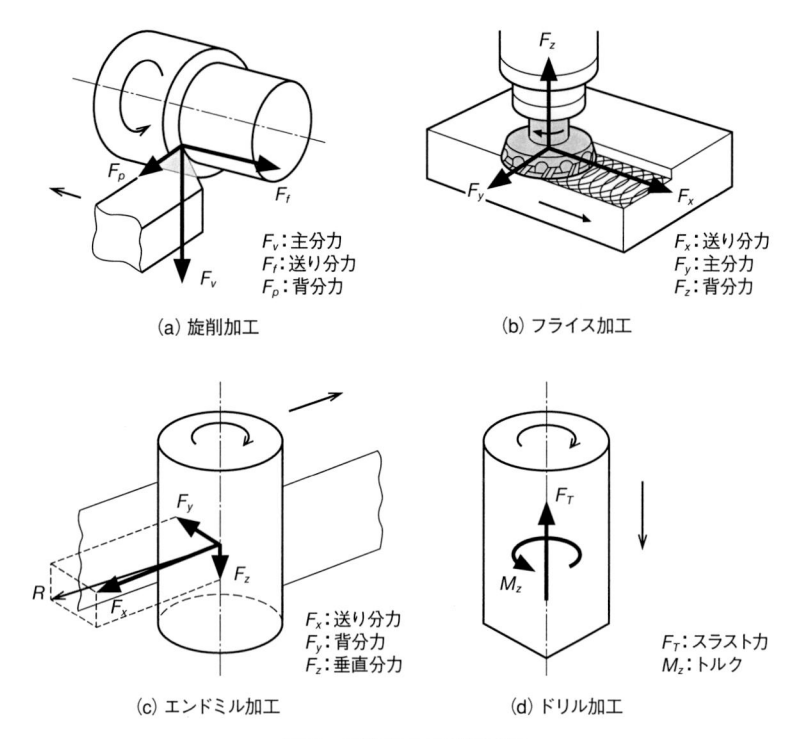

```
(a) 旋削加工
  F_v: 主分力
  F_f: 送り分力
  F_p: 背分力

(b) フライス加工
  F_x: 送り分力
  F_y: 主分力
  F_z: 背分力

(c) エンドミル加工
  F_x: 送り分力
  F_y: 背分力
  F_z: 垂直分力

(d) ドリル加工
  F_T: スラスト力
  M_z: トルク
```

図5　各種加工の切削抵抗

加工では図5（a）で示すように直交な3軸に沿って**主分力**、**送り分力**、**背分力**の3分力によって表され、主分力をもって切削抵抗とする場合もある。フライス加工においても同様である。エンドミル加工では、垂直方向の成分 F_z は小さいため、水平面内の2分力で考えてよい。ドリル加工では、垂直方向の**スラスト力**と回転モーメント（**トルク**）が作用する。マシニングセンタの加工能力と切削抵抗を考慮した切削条件の設定が必要である。

▌切削熱

切削に要するエネルギーの多くは**切削熱**となって消費される。切削熱は工具摩耗を促進し、加工精度を低下させるので、切削温度の上昇を抑制させる対策が必要である。

I. 加工方法

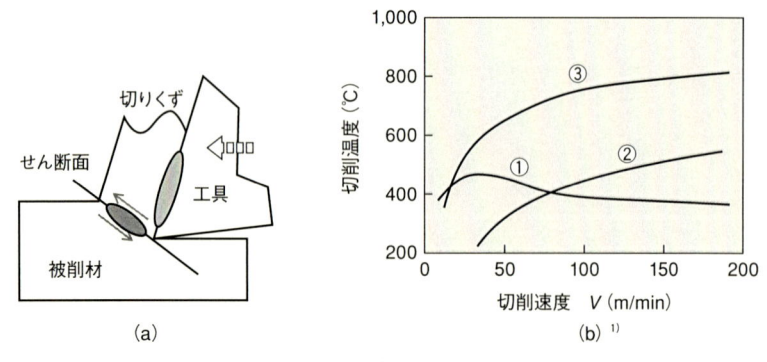

図6 切削熱と切削温度

切削熱の発生部位は、主に**せん断面**〔**図6**(b)の①〕と切りくずとの摩擦による工具の**すくい面**〔図6(b)の②〕である。低速域での切削温度はせん断面における切削熱の発生が支配的であるが、切削速度の上昇とともにすくい面における摩擦熱が増大し、全体〔図6(b)の③〕として切削速度に比例して切削温度は上昇する。また、高速切削になるほど切削熱の多くは切りくずによって持ち去られる傾向がある。

フライス加工は断続切削であるため、切削時の刃先温度上昇と空転時の冷却を繰り返すことになる。切削温度の上昇を抑制させるには冷却効果の高い切削油剤を使用することが一般的であるが、正面フライス加工などの断続切削では、冷却すると工具刃先に熱衝撃によるサーマルクラックが発生することがあるので使用しない方がよい。

工具寿命

切削温度の上昇は切削工具の硬さを低下させ、**工具寿命**を短縮させる。工具寿命の判断は、現場では加工個数や時間、あるいは寸法や仕上げ面の性状によって行われるが、切削試験では切削工具の摩耗量によって判定される。

工具摩耗は主に工具のすくい面と逃げ面に進行し、工具寿命は一般に**逃げ面摩耗（フランク摩耗）** の幅によって判定される（**図7**）。切削速度が速いほど寿命時間が短くなり〔**図8**(a)のV_2、T_2〕、寿命判定基準を$V_B=0.3$ mmとした

切削加工の基礎知識

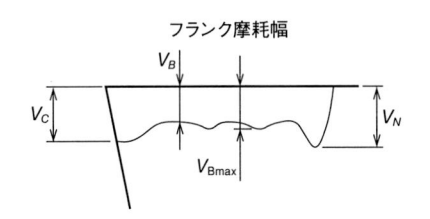

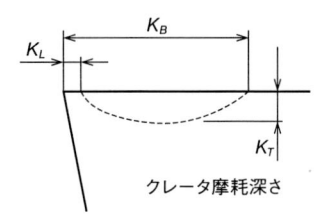

図7　工具摩耗

テーラーの寿命方程式：$VT^n=C$（n, C：定数）

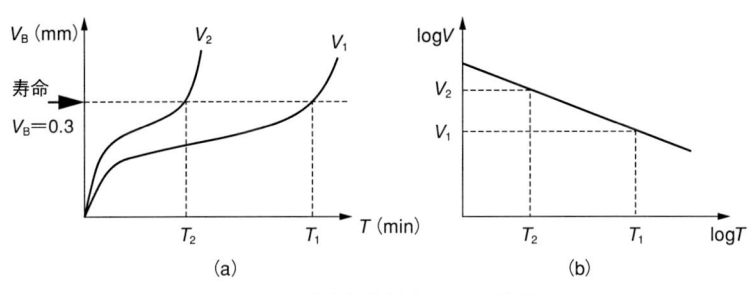

図8　工具摩耗曲線と $V-T$ 線図

時の切削速度と寿命時間を対数で表したものが図8(b)の $V-T$ 線図である。$V-T$ 線図は**テーラーの寿命方程式** $VT^n=C$ を表すものであり、これを利用して寿命を予測した切削条件の設定が可能になる。

切削油剤

　工具寿命を延長させ、なおかつ寸法や仕上げ面を良好に保つためには**切削油剤**の使用が有効である。近年は環境問題から切削油剤を使わない**ドライ切削**が望まれているが、エンドミル加工やドリル加工では切削油剤の効果は大きい。

　切削油剤には**表2**の種類があるが、マシニングセンタでは一般に**水溶性**の**エマルジョン型**が用いられる。その他にも、植物性の油をミスト状にして供給したり、エアを吹きかける方法もある。供給方法も各種あるので、目的に応じた効果的な方法を選択する必要がある（**図9**）。

Ⅰ. 加工方法

表2　切削油剤の種類

不水溶性切削油剤	JIS N 1種	混成タイプ
	JIS N 2種	不活性タイプ
	JIS N 3種	中活性タイプ
	JIS N 4種	活性タイプ
水溶性切削油剤	JIS A 1種	エマルジョン型
	JIS A 2種	ソリューブル型
	JIS A 3種	ケミカルソリューション型

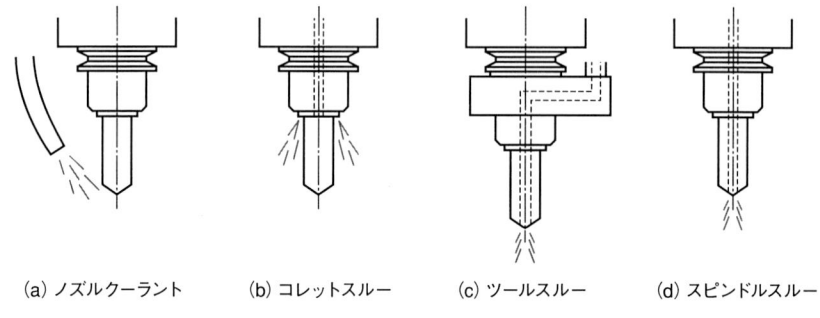

（a）ノズルクーラント　（b）コレットスルー　（c）ツールスルー　（d）スピンドルスルー

図9　切削油剤の供給方法

▍加工精度

　マシニングセンタによる加工でも**加工精度**に影響を及ぼす因子は多々存在する。それらの因子を一つひとつよく理解し、要求される精度を確実に確保しなければならない。ところで「精度」と一口によく言うが、精度にも以下のような種類がある。

　・**寸法精度**：長さ、高さ、幅、直径など
　・**形状精度**：真円度、円筒度、直角度、平行度、位置度など
　・**仕上げ面精度**：表面粗さ、表面うねり
　・**エッジ精度**：バリ、こばかけ

　一般に**精度**とは総合的な良さを表す用語であるが、ここでは主に**寸法精度**と**形状精度**に及ぼす因子について述べる。

(1) 工作機械の静的精度

加工されるものの**形状精度**は、母性原則に従って加工する工作機械の**静的精度**に依存することになる。例えば、マシニングセンタのX-Y軸の直角度が0.02/300 mm 狂っていたとすれば、それ以上の加工精度を得ることは理論的に不可能である。静的精度は機械を設置する際に確認されているはずであるが、設置床面の状態や運転状況によって変化してくる。工作機械の精度検査には静的精度検査と工作精度検査があるが、工作精度とともに静的精度も定期的に検査するようにしたい。

(2) 治工具類の精度

工作機械の精度とともに、治工具・取付け具などの精度も同様に考える必要がある。例えば、バイスやイケールなどの取付け具の取付け面の真直度や平面度がきちんと出ているかどうか、そして工作機械に精度よく取り付けられているかどうか、あるいは切削工具やツールホルダの回転振れが許容値内にあるかどうかといったことも作業ごとに確認するようにしたい。

(3) 熱膨張

切削熱、あるいは工作機械内部の熱源による温度上昇は加工精度にとって大敵である。鋼は 1℃ の温度上昇によって、1 m の長さのものは 11μm 程度膨張する（**表3**）。最近のマシニングセンタは何らかの熱対策が施されているものが多いが、どのような対策が施されているのかユーザーも理解し、必要に応じて補正しなければならない。

切削熱については先に述べた通りであるが、切りくずが大きな熱源となるため、特にドライ切削の場合には切りくずの排出にも注意しなければならない。その他、工場内の作業環境も重要である。高精度な加工品質を安定的に確保するためには恒温室での加工が望ましいが、そうでない場合には室内温度を考慮した温度補正が必要になる。

表3 各種材料の熱膨張係数（×10^{-6}/℃）

炭素鋼	11.5	アルミニウム	23.8
ステンレス鋼	11〜18	銅	18.5

I. 加 工 方 法

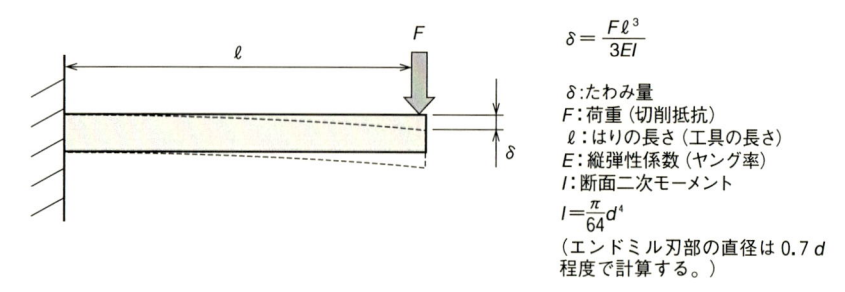

$$\delta = \frac{Fℓ^3}{3EI}$$

δ：たわみ量
F：荷重（切削抵抗）
$ℓ$：はりの長さ（工具の長さ）
E：縦弾性係数（ヤング率）
I：断面二次モーメント
$I = \frac{\pi}{64}d^4$
（エンドミル刃部の直径は 0.7 d 程度で計算する。）

図10　切削抵抗によるたわみ

（4）切削抵抗によるたわみ

　熱とともに加工精度に大きな影響を及ぼすのが力による**たわみ**である。切削抵抗力は工具または工作物を変形させ、たわみを生じさせる（**図10**）。抵抗力が大きい場合には、工作機械の構造物がたわむこともある。できるだけ切削抵抗を軽減させることと、簡単にたわまない剛性の高い状態で加工することが重要である。

（5）仕上げ面精度

　寸法精度や形状精度とともに加工品質として重要なものが**仕上げ面精度**である。仕上げ面精度では、表面の粗さやうねりの他に、見た目の品位が重視される場合もあるが、一般には**表面粗さ**によって評価される。切削加工は工具刃先形状の転写加工であり、理論仕上げ面粗さは刃先形状と送り速度から求めるこ

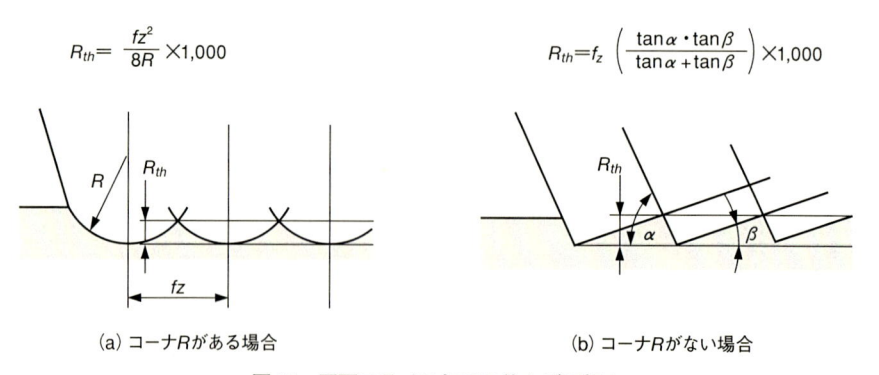

$R_{th} = \frac{fz^2}{8R} \times 1{,}000$　　　　　$R_{th} = fz\left(\frac{\tan\alpha \cdot \tan\beta}{\tan\alpha + \tan\beta}\right) \times 1{,}000$

（a）コーナRがある場合　　　（b）コーナRがない場合

図11　正面フライス加工の仕上げ面粗さ

切削加工の基礎知識

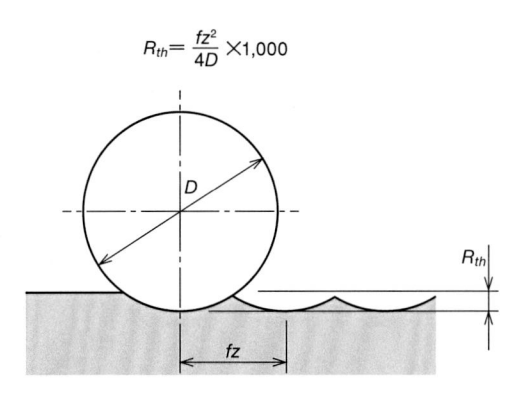

$$R_{th} = \frac{fz^2}{4D} \times 1,000$$

図12　エンドミル加工の仕上げ面粗さ

とができる（**図11**、**図12**）。実際の粗さは各種要因により理論粗さよりも一般に相当大きくなるが、できるだけ理論粗さに近づくように仕上げ面に影響する切削諸条件を整えなければならない。

切削条件

切削状態に影響を及ぼすすべての因子が広義な意味での切削条件であるが、特に工具－工作物間の相対的な運動の関係を表す**切削速度**（**図13**）と**送り速度**、および**切込み量**が一般に狭義な切削条件である。

切削速度　$V_c = \dfrac{\pi \cdot D \cdot n}{1000}$ （m/min）

　π：円周率（3.14）

　D：工具直径（mm）

　n：主軸回転数（$\min^{-1}$）

送り速度　$V_f = f_z \cdot z \cdot n = f_r \cdot n$ （mm/min）

　f_z：1刃当たり送り量（mm/刃）

　z：刃数

　f_r：回転当たり送り量（mm/rev）

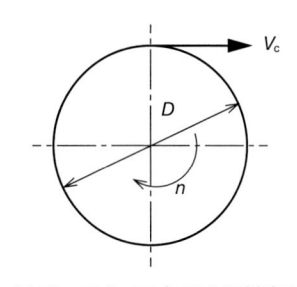

図13　フライス加工の切削速度

切削条件は加工精度や加工能率に大きく影響するものであり、被削材質や目

Ⅰ. 加 工 方 法

的に応じて適切に条件設定ができるかどうかが一人前としての必須条件である。

表3にフライス加工と穴あけ加工の標準的な切削条件を示す。加工の種類と被削材質だけでなく、工具の突出し長さや工作物の取付け状態など、あらゆることを考慮して適宜調整することが大切である。近年、マシニングセンタはますます高速化・高機能化しており、それに対応した新しい工具材種が多数開発されている。それらの工具はさらに高い切削条件で使用可能であり、具体的には工具メーカーのカタログを参照するとよい。ただし、工具メーカーのカタログは一般に高めに記載してあることが多いので注意が必要である。

表3　フライス加工、穴あけ加工の標準切削条件

加工の種類	被削材 切削条件区分	鋼（S 35 C） 切削速度：V_c (m/min)	送り：f_z (mm/刃)	鋳鉄（FC 35） 切削速度：V_c (m/min)	送り：f_z (mm/刃)	アルミ（Al） 切削速度：V_c (m/min)	送り：f_z (mm/刃)
正面フライス（超硬）	荒	120〜150	0.15〜0.2	100〜130	0.17〜0.22	200〜250	0.17〜0.22
	仕上げ	150〜180	0.1〜0.15	120〜150	0.15〜0.2	300〜350	0.15〜0.2
エンドミル（ハイス）	荒	20〜25	0.1〜0.14	20〜25	0.08〜0.12	60〜80	0.1〜0.14
	仕上げ	25〜30	0.06〜0.1	25〜30	0.05〜0.08	80〜100	0.06〜0.1
エンドミル（超硬）	荒	50〜70	0.08〜0.12	50〜70	0.08〜0.12	120〜150	0.1〜0.15
	仕上げ	60〜80	0.05〜0.08	60〜80	0.05〜0.08	150〜200	0.08〜0.12
ドリル（ハイス）		17〜22	0.15〜0.2 (mm/rev)	20〜25	0.15〜0.2 (mm/rev)	50〜70	0.15〜0,2 (mm/rev)
ドリル（超硬）		50〜60	0.1〜0.15 (mm/rev)	40〜50	0.1〜0.15 (mm/rev)	130〜180	0.12〜0.17 (mm/rev)
ボーリング（超硬）	荒	70〜100	0.15〜0.2	80〜120	0.15〜0.2	200〜250	0.15〜0.2
	仕上げ	90〜120	0.08〜0.12	100〜130	0.08〜0.12	300〜350	0.08〜0.12
タップ（ハイス）		8〜10	（ピッチ）	8〜10	（ピッチ）	15〜20	（ピッチ）
リーマ（ハイス）		6〜8	0.15〜0.25 (mm/rev)	6〜8	0.15〜0.25 (mm/rev)	10〜15	0.3〜0.4 (mm/rev)

フライス加工

フライス加工の種類と特徴

マシニングセンタによる**フライス加工**は、主に正面フライスによる平面加工を指す場合が多いが、フライス加工には、図1に示すような様々な加工法がある。

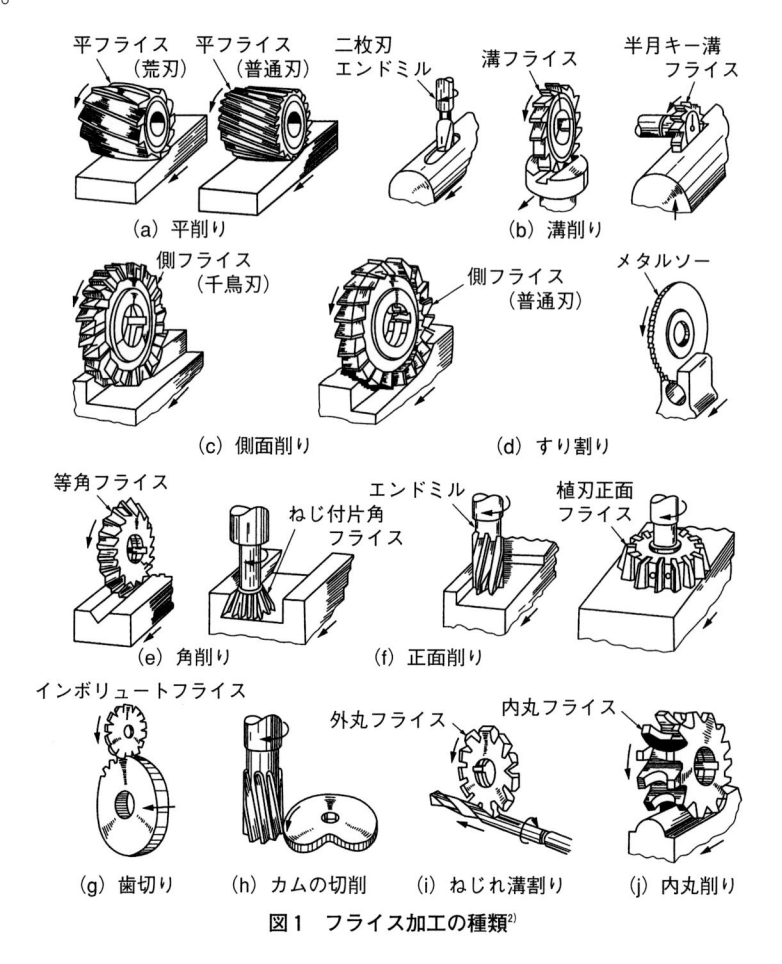

(a) 平削り — 平フライス（荒刃）、平フライス（普通刃）、二枚刃エンドミル
(b) 溝削り — 溝フライス、半月キー溝フライス
(c) 側面削り — 側フライス（千鳥刃）、側フライス（普通刃）
(d) すり割り — メタルソー
(e) 角削り — 等角フライス、ねじ付片角フライス
(f) 正面削り — エンドミル、植刃正面フライス
(g) 歯切り — インボリュートフライス
(h) カムの切削
(i) ねじれ溝割り — 外丸フライス
(j) 内丸削り — 内丸フライス

図1 フライス加工の種類[2]

I. 加工方法

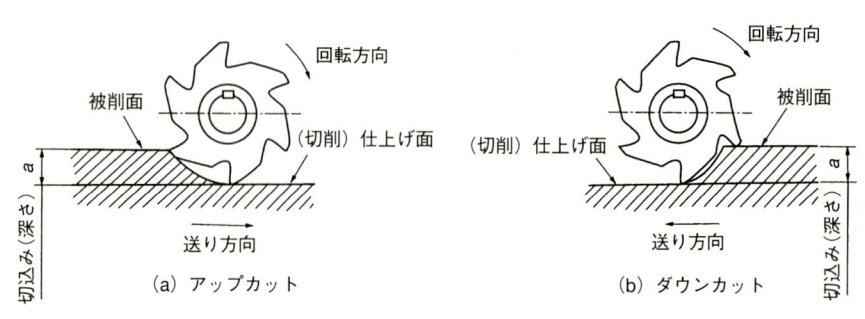

図2 アップカットとダウンカット[3]

表1 アップカットとダウンカットの比較

項目	アップカット	ダウンカット
切削抵抗の向き		
材料の取付け	切削力が上向きに働くので強固にする必要がある。	切削力が下向きに働くので簡便でよい。薄板に有利。
送りねじのバックラッシ	切削力によって自然に取り除かれる。	バックラッシ除去装置が必要である。
工具寿命	切れ刃が滑り、摩擦熱が増大して寿命が短くなる。	切れ刃の滑りがなく、発熱が少なく、寿命が長い。
切削力	食込み時の背分力が大きい。	一時に切削力がかかり、衝撃が大きい。
構成刃先と切削油	仕上げ面生成時、切削油の効果が大きい。構成刃先の影響は少ない。	仕上げ面生成時には油膜はぬぐい去られ、構成刃先の影響を受けやすい。
仕上げ面	光沢のあるきれいな仕上げ面が得られる、滑り跡や回転マークが残る場合がある。	梨地状で、理論粗さはアップカットより劣るが、安定した仕上げ面が得られる。
切りくずの排出	切りくずの排出性がよい。	切りくずが切れ刃の間に挟まって切削の妨げになる。
切削能率	切削抵抗が大きいため切削条件を上げられず、能率が悪い。	アップカットより切削条件を上げられるので能率がよい。
その他	黒皮材料に適する。	加工硬化の大きい材料に適する。

フライス加工

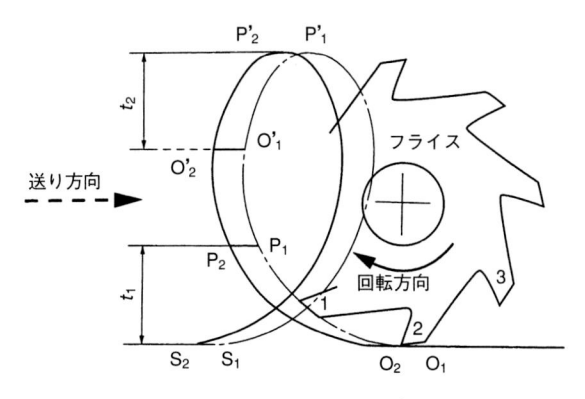

図3 トロコイド曲線[3]

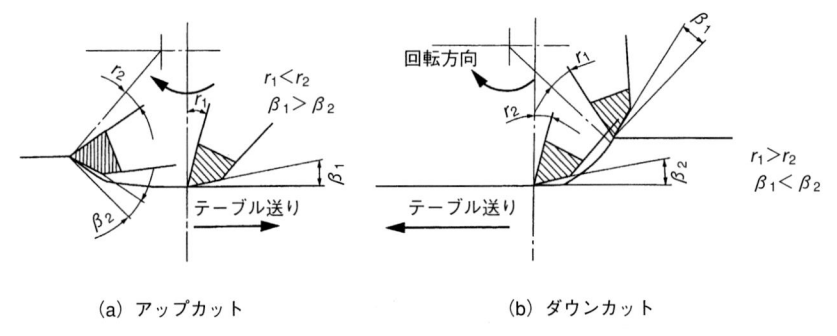

(a) アップカット　　(b) ダウンカット
図4 アップカットとダウンカットの刃先角度の違い[4]

　フライス加工は、多刃工具である**フライス**（エンドミルを含む）による切削加工であり、フライスの回転方向に対する工作物（ワーク）の送り方向の違いによって、**アップカット（上向き削り）** と**ダウンカット（下向き削り）** がある（**図2、表1**）。ワークを工具の回転方向と逆向きに送る場合が**アップカット**（Up cut）、回転方向と同じ向きに送る場合が**ダウンカット**（Down cut）で、いずれもフライスの刃先は**図3**のようにトロコイド曲線を描いている。

（1）アップカット（上向き削り）

　アップカットは工具の回転方向とワークの送り方向が反対の場合で、**図4**(a)のように切取り厚さは切り始めにゼロから始まるので、刃先はワークの表面を

― 29 ―

Ⅰ. 加工方法

削ることなくある程度滑り、切削抵抗の背分力がある程度大きくなったところでワークに食い込むことになる。この滑りのために切れ刃の摩耗の進行が早い。

また、切削力はワークをテーブルから引き剥がす方向に加わるので、ワークの取付けは強固にする必要がある。表面に黒皮のある材料を加工する場合や、テーブルの送りねじにガタがある場合にはアップカットによる方がよい。

(2) ダウンカット（下向き削り）

ダウンカットは工具の回転方向とワークの送り方向が同じ場合で、図4(b)のように切取り厚さが最大のところから切り始め、切り終わりにゼロになるので発熱も少なく切削抵抗もアップカットより小さい。ワークの締付け力も大きな力を必要としない。しかし、ワークをテーブルの送り方向に押し出すように切削力が働くので、送りねじにガタがあると振動が発生して刃先を破損する場合がある。

正面フライス加工

正面フライス加工では、アップカットとダウンカットを繰り返すことになる。ワークの幅よりも大きなカッタ（**正面フライス**）でワークの中心を削る場合、中心線までの前半がアップカット、後半がダウンカットになる（**図5**）。ワークの幅に対するカッタ径の大きさは1.2〜1.5倍程度が適当であり、同時に切

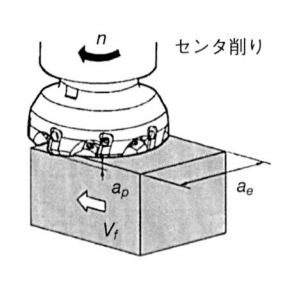

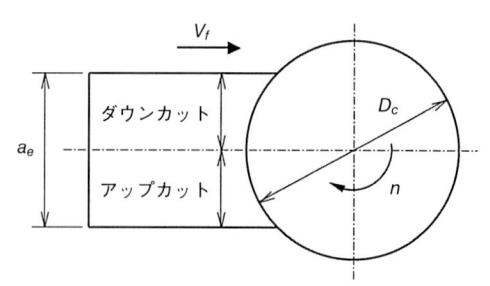

$a_e \fallingdotseq \dfrac{2}{3} D_c$ （鋼切削の場合）

D_c：カッタ径　a_e：切削幅　a_p：切込み深さ

図5　正面フライス加工

削に作用する切れ刃が複数枚あることによって振動が軽減され、切削が安定する。近年は工具材料の進歩によって大きなすくい角のカッタが使用できるようになり、少ない動力で高能率な正面フライス加工ができるようになってきた。

　ワークの幅に対するカッタ径の大きさや切削位置は、カッタの刃先がワークに食い付く角度を変化させ、それが工具寿命に大きく影響する。**図6**に示すように、刃先がワークに食い付く時の角度を**エンゲージ角（食付き角）**、刃先がワークから離れる時の角度を**ディスエンゲージ角（離脱角）**という。エンゲージ角が大きいと切れ刃の先端部分からワークに当たることになり、刃先に衝撃力が集中する（**図7**）。また、この時のワークの被削形状は鋭く尖った状態になり、バリを生じてそれが工具寿命を短くしてしまう。逆にエンゲージ角が小さいと切れ刃の奥の方からワークに当たることになり、刃先の応力集中は軽減されるが、すくい面に損傷が生じやすくなる。ディスエンゲージ角は負の大きな値ほど工具寿命にはよい傾向がある。

　その他、正面フライス加工では正面フライスの刃数の選択と刃先の振れの管理が重要である。刃数はカッタ径によってほぼ決まるが、通常の刃数より多くしたカッタもあるので、材料や機械に合わせて適したものを選択するようにしたい。また、刃先の振れは仕上げ面に直接影響することになるので、できるだけ小さい状態を保つよう定期的にチェックするようにしたい。

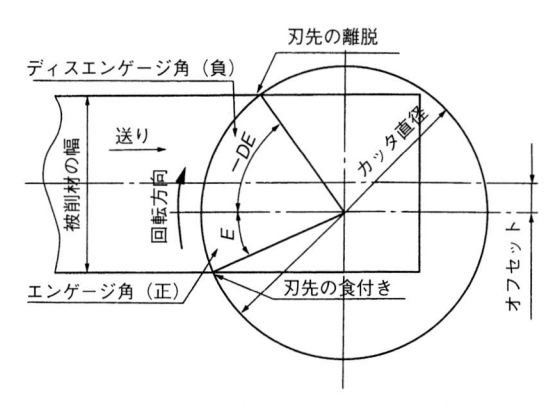

図6　エンゲージ角とディスエンゲージ角[5]

I. 加 工 方 法

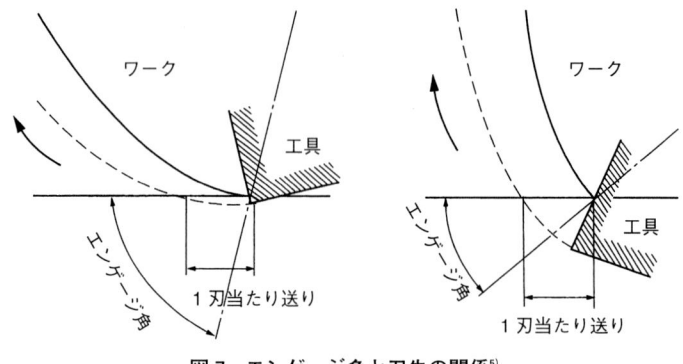

図7　エンゲージ角と刃先の関係[5]

■エンドミル加工

マシニングセンタによる部品加工や金型加工において、**エンドミル**は最も多用される工具の一つである。従来からのハイスエンドミルだけでなく、最近は超硬スローアウェイ式のエンドミルも多くなってきた。エンドミル加工には、図8に示すような様々な種類がある。

エンドミル加工は、細長い工具を突き出し、片持ち状態で主に側面部分を加工するものであり、その加工面は表面粗さだけでなく、うねりや形状精度が問題になる場合も多い（図9）。ハイスエンドミルではたわみが大きく、一般にアンダカット状態になるが、アップカットではオーバカット状態にもなる。これはエンドミルにかかる切削抵抗（背分力）によるものである（図10）。

マシニングセンタによるエンドミル加工は、一般に工具寿命に対して有利なダウンカットで行われることが多いが、ダウンカットではアンダカット量が大きいため、形状精度が必要な仕上げ加工では、ある程度の切込みを入れたアップカットで削るとよい。

その他、エンドミルの刃数や刃長、あるいはねじれ角なども加工性能に大きく影響するので、被削材や目的に合った適切なものを選択するようにしたい。刃数は主に2枚刃と4枚刃があり、荒加工には2枚刃が多用されるが、溝加工を除いては総合的に4枚刃の方が優れている。刃長は加工形状に応じてできる

フライス加工

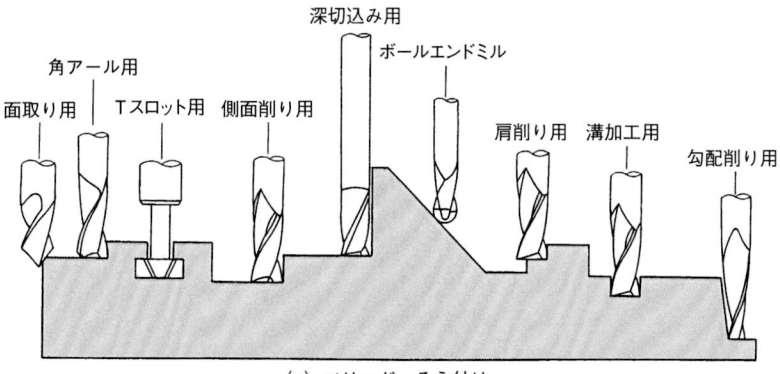

(a) ソリッド、ろう付け

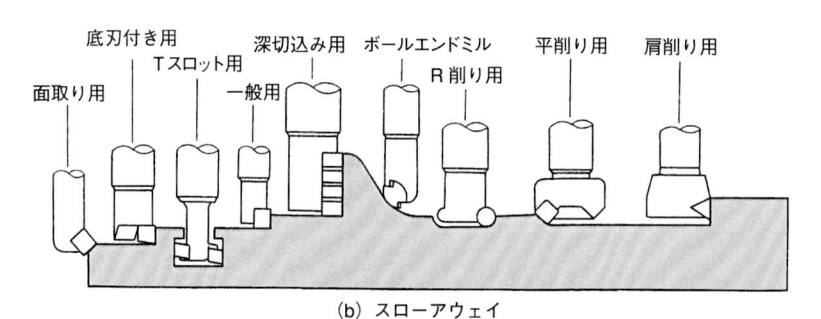

面取り用　角アール用　Tスロット用　側面削り用　深切込み用　ボールエンドミル　肩削り用　溝加工用　勾配削り用

(b) スローアウェイ

面取り用　底刃付き用　Tスロット用　一般用　深切込み用　ボールエンドミル　R削り用　平削り用　肩削り用

図8　エンドミル加工の種類[6]

位置のずれ
粗さ
うねり
(軸線のたわみ)
傾き

(a) アンダカット状態　(b) オーバカット状態

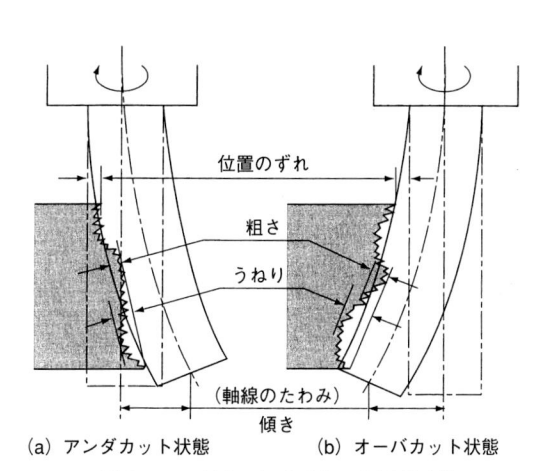

図9　エンドミルによる加工面の精度[7]

— 33 —

Ⅰ. 加 工 方 法

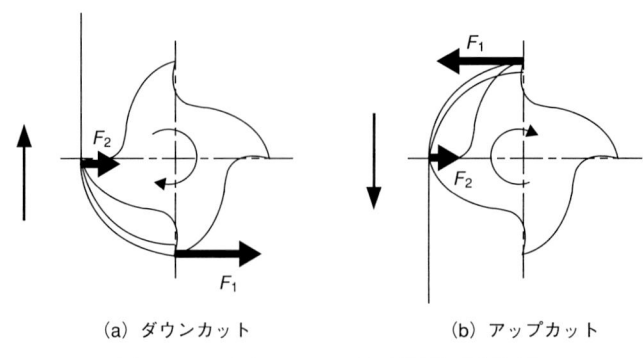

(a) ダウンカット　　　(b) アップカット
図 10　エンドミルにかかる切削抵抗（背分力）

だけ短いものを使用するようにしたい。ねじれ角は一般に 30° であるが、深溝加工や難削材には強ねじれタイプも効果的である。

穴 加 工

▍穴加工の種類と特徴

　マシニングセンタ作業において、穴加工はフライス加工と同等に数多い加工である。穴加工には、**ドリル**による穴あけの他、ボーリングバーによる**中ぐり加工（ボーリング加工）**も含め、**タップ加工**や**リーマ加工**など種類も多い（図1）。

　穴加工は細くて狭い穴の中の切削であることから、切りくずの排出や加工点への切削液の供給など課題も多く、切削の中でも難しい加工である。穴の大きさや穴の深さに応じて適切な工具を選択し、適切な切削条件で加工することが肝要である。また、マシニングセンタには穴加工専用の機能も各種用意されているので、それらを使いこなせるようにしたい。

加工方法	穴あけ	リーマ仕上げ	タップ立て	中ぐり	座ぐり	さら座ぐり	心立て
切削工具と加工面	ドリル	リーマ	機械タップ	中ぐりバイト	座ぐりバイト	さら小ねじ沈めフライス	センタドリル

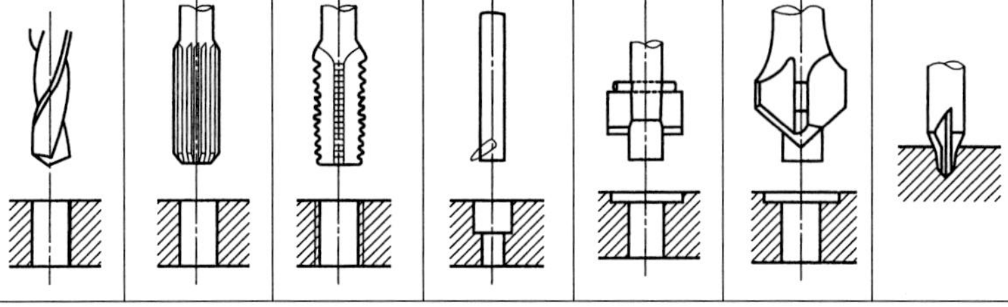

図1　穴加工の種類[8]

I. 加工方法

■ドリル加工

　マシニングセンタによる穴あけ加工では超硬ドリルも多用され、大径穴にはチップ交換式のスローアウェイドリルが用いられることも多い。従来からの一般的なドリルは2つの切れ刃をもち（**図2**）、先端には切削に寄与しない**チゼルエッジ**があり、中心部分で大きな切削抵抗（**スラスト抵抗**）が発生する（**図3**）。切削抵抗の軽減と食付き性の向上を目的に、チゼル部には**シンニング**を施して使用する必要があるが、シンニングにもいくつか種類があるので被削材や加工する穴に合ったものを選択するようにしたい（**図4**）。

　深い穴の加工ほどトラブルが発生しやすくなる。穴径（ドリル径）をD、穴深さをLとし、その比率を *L/D*（**エル・バイ・ディ**）で表し、一般に *L/D* が

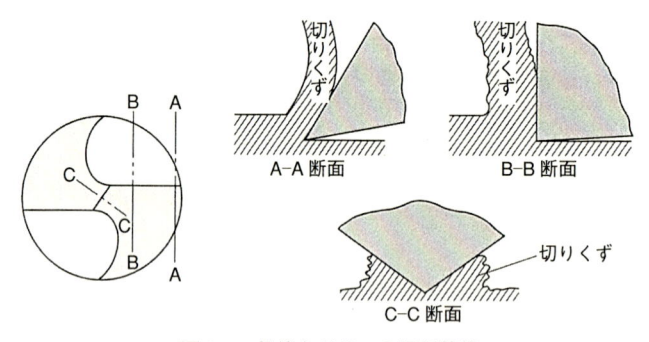

図2　一般的なドリルの切削状態

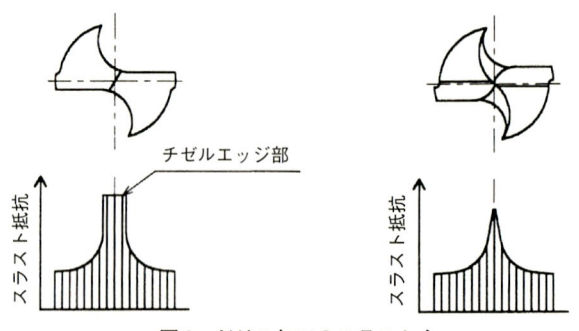

図3　ドリル加工のスラスト力

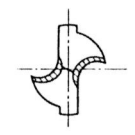

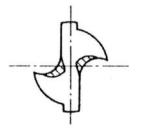

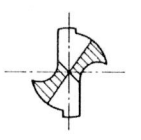

穴 加 工

シンニングなし　　S形シンニング　　N形シンニング　　X形シンニング

図4　シンニング

3を超えるものを**深穴**という。深穴加工では、切りくずの排出や切削液の供給などに特に留意する必要があり、マシニングセンタでは深穴加工用の固定サイクルを使って穴あけを行う。また、切削液の供給については、切削油剤の項で述べたように油穴付きドリルを使用し、ドリルの先端から切削液が供給される**ツールスルークーラント**の方法によることが望ましい。

タップ加工

タップ加工は主軸の正転と逆転を切り替えて行う加工であるが、旧来のマシニングセンタの主軸は回転角を制御しない普通のインダクションモータであったため、タップ加工にはフローティング機能の付いた専用のタップホルダが必要であった（**写真**1）。現在の多くのマシニングセンタの主軸はサーボモータであるため、主軸回転と送りを完全に同期させることが可能で、専用のタップ

写真1　タップホルダ（ユキワ精工カタログより）

I．加工方法

ホルダではなく、通常のホルダが使用可能である。これを**リジットタップ**、または**ダイレクトタップ**という。

タップ加工において、下穴径の大きさは切削性を左右する重要な要素である。

$$下穴径 = d - 2 \times H_1 \times \left(\frac{ひっかかり率}{100} \right)$$

d：おねじの外径

H_1：基準のひっかかり高さ（$H_1 = 0.541266\,P$）

P：ねじのピッチ

本来、下穴径は設計要件から決まるものであるが、特に指定がない場合も多いので、その時は自身で決めることになる。下穴が大きいとタップ加工は比較的容易であるが、下穴が小さいと切削が不十分で、ねじが入らなかったり、タップが折損する場合もある。ねじのひっかかり率は一般に 80～90% 程度にするが、水溶性切削油剤では加工しにくいので、許容される範囲でひっかかり率を下げるか、タッピングペーストを用いるようにする。

大径のねじ加工には**ねじ切りエンドミル**が有効である。ねじ切りエンドミルは通常のタップと違ってリードがないため、NC 装置にヘリカル補間機能を有することが前提になるが、同じピッチであればサイズの異なるねじが 1 本のエンドミルで加工可能である（図5）。

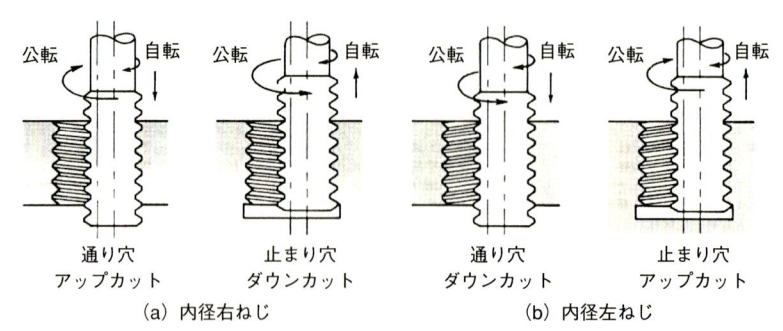

図5 ねじ切りエンドミルによるねじ加工（OSG 社資料より）

穴 加 工

■リーマ加工

直径20mm程度までの比較的小さな穴の仕上げには**リーマ加工**を行う。

マシニングセンタでは超硬リーマも使われるが、一般にはまだハイスリーマが多く、低速回転で十分な切削液をかけて行う。リーマの刃には直刃のものとねじれ刃（右ねじれ、左ねじれ）のものがあり、一般にねじれ刃の方が仕上げ面が良くなるが、被削材質によっても異なるので適したものを選定する（**写真2**）。

リーマの精度はH7公差の穴仕上げを行うことを前提に作られており、JISではA級（m5）とB級（m6）の2種類の精度が規定されている。リーマ加工の削り代は穴径の2〜4％で十分であり（**表1**）、少ない方が良いが、そのためにはドリルでの下穴がある程度精度よく加工されている必要がある。下穴

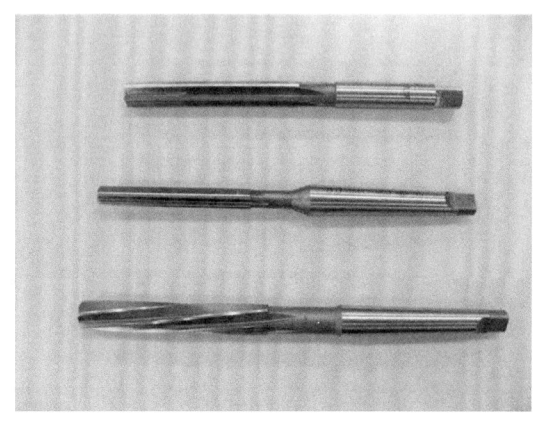

写真2　リーマ

表1　リーマの削り代

リーマの直径	削り代（直径値）
5mm以下	0.1〜0.2mm
5〜10mm	0.2〜0.3mm
10〜20mm	0.3〜0.4mm

が小さいと工具の摩耗が激しいばかりでなく、切りくずで仕上げ面を傷付けやすい。また、モールステーパシャンクのマシンリーマは抜けてしまう場合もあるので、ストレートシャンクのリーマをコレットで取り付ける方法もよい。

■中ぐり加工

大きな穴のくり広げと仕上げには**中ぐり加工（ボーリング加工）**を行う。従来のボーリング工具にはバイトを使用していたが、現在はボーリングシステムとしてモジュラー式のボーリング工具が各種市販されている（**写真3**）。

中ぐり加工は、基本的には1枚刃のボーリングバーで深穴を加工するものであり、バーのたわみが問題になりやすいため、できるだけ剛性の高い状態で加工することが肝要である。大径穴の荒加工には2枚刃によるバランスカットが望ましい。仕上げ用ボーリング工具には刃先の微調整機能が付いており、穴径にしっかり合わせることが重要である。マシニングセンタには中ぐり加工用の固定サイクルが各種用意されており、用途に応じて使い分けるようにしたい。

写真3　ボーリング工具

NC加工

▍NC 制 御

　マシニングセンタ作業では、**NC（Numerical Control）制御**の特性と機能を十分に理解し、切削加工技術をいかに NC プログラムに置き換えるかが重要である。

　制御方式には、ボールねじの回転角度をロータリーエンコーダで間接的に位置検出する**セミクローズドループ**と、移動テーブルに貼り付けられたスケールの位置を直接検出する**フルクローズドループ**とがあるが、最近のマシニングセンタの多くはフルクローズドループであり、位置決め精度が向上している（図1）。いずれにしてもフィードバック制御であるため、送り系には僅かな遅れが

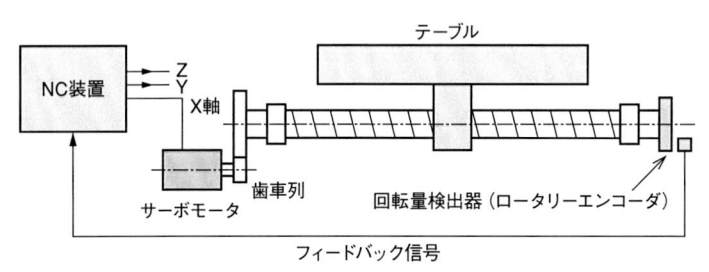

(a) セミクローズドループ

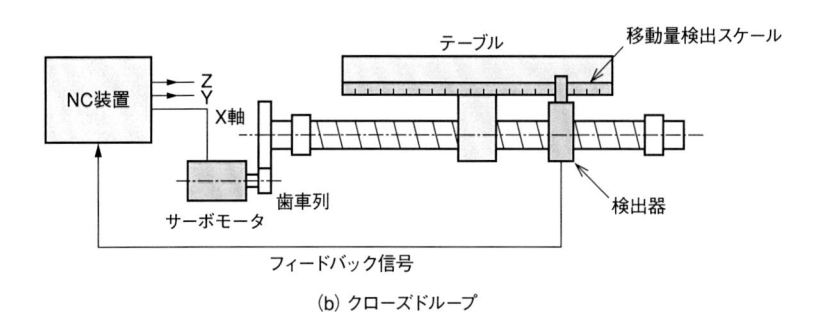

(b) クローズドループ

図1　NC 制御方式

Ⅰ. 加 工 方 法

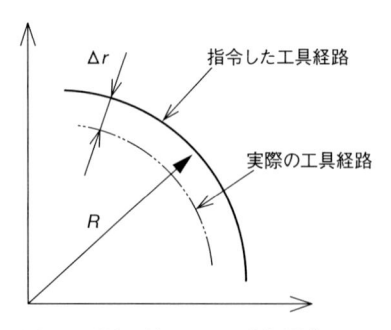

図2　円弧切削における半径誤差

生ずることになる。

　位置決めの遅れは、直線補間では直線上を進むので形状誤差は生じないが、円弧補間ではわずかに半径が小さくなってしまう。その誤差量は制御系の時定数が分かれば以下の式から求めることができる（図2）。

$$\varDelta r = \left(\frac{1}{2} T_1^2 + \frac{1}{2} T_2^2\right) \frac{F^2}{R}$$

　　$\varDelta r$：経路誤差（mm）
　　F：送り速度（mm/sec）
　　R：円弧半径（mm）
　　T_1：加減速時定数（sec）
　　T_2：サーボ時定数（sec）

　送り機構には一般に**ボールねじ**が使用され、ダブルナット方式でバックラッシを取り除き、さらに電気的に補正している。しかし、完全に除去することは困難であり、移動方向が反転する際にはわずかな誤差が生じ、真円切削した場合には**象限突起**という形で現れる場合がある（図3）。

　所定の送り速度に到達するには一定の加速時間が必要であり、停止する際は同様に減速時間を要する。連続する工具経路で直角に曲がるような場合も減速が必要になる。近年はマシニングセンタの高速化が著しいが、高速送りほどコーナ部では形状のダレが生じることになる（図4）。

NC 加 工

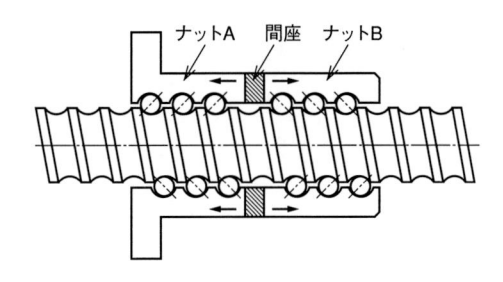

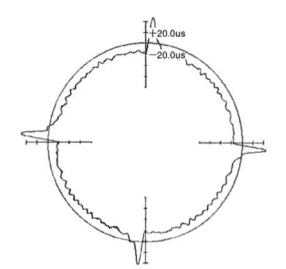

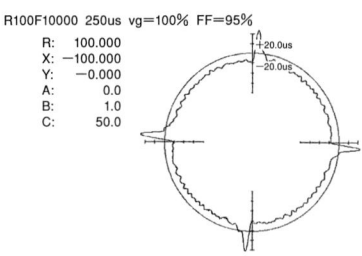

図3 ボールねじと象限突起

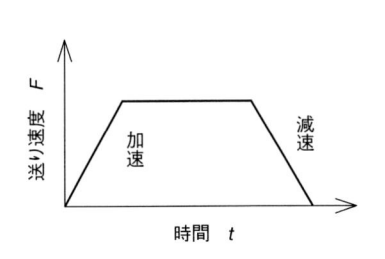

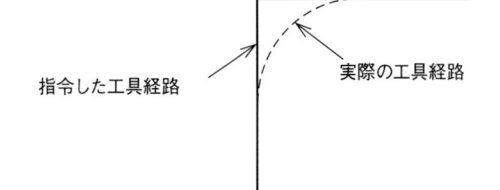

図4 送り速度の加減速とコーナ部のダレ

I. 加工方法

■NC プログラム

　NC プログラム（**図5**）についてはここでは詳述しないが、一人前のマシニングセンタ作業者としてはプログラムの指令方法や各種機能を熟知しておいて欲しい。

　NC 装置のメーカーによって指令コードが多少異なるが、標準的な **M コード**（補助機能）と **G コード**（準備機能）の一覧を**表1**、**表2**に示す。詳しくは自社の NC 装置の取扱い説明書や他の参考書を参照してもらいたい。また、最近は対話式の NC 装置が普及し、G コードによらない NC プログラムが作成可能になってきた。いずれの方法でもよいが、加工形状に対応した的確なプログラムを素早く作れるようにしたい。

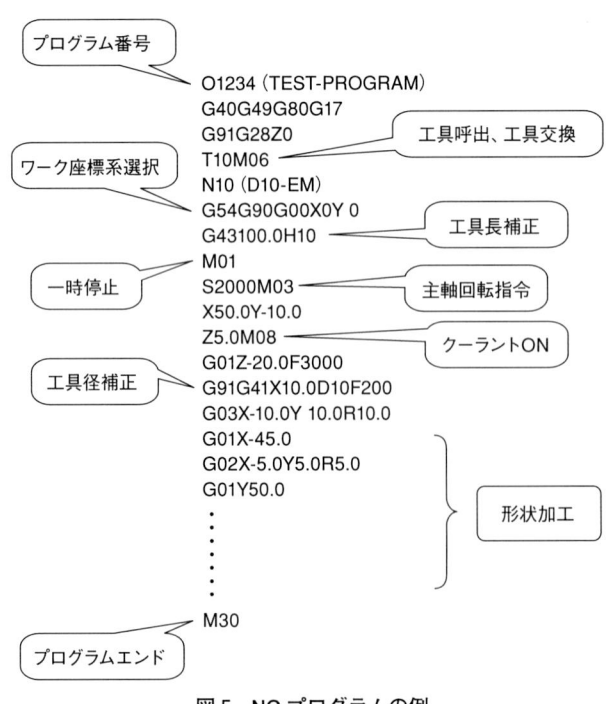

```
O1234 (TEST-PROGRAM)    ← プログラム番号
G40G49G80G17
G91G28Z0
T10M06                  ← 工具呼出、工具交換
N10 (D10-EM)
G54G90G00X0Y 0          ← ワーク座標系選択
G43100.0H10             ← 工具長補正
M01                     ← 一時停止
S2000M03                ← 主軸回転指令
X50.0Y-10.0
Z5.0M08                 ← クーラントON
G01Z-20.0F3000
G91G41X10.0D10F200      ← 工具径補正
G03X-10.0Y 10.0R10.0
G01X-45.0
G02X-5.0Y5.0R5.0
G01Y50.0                ⎫
 ：                      ⎬ 形状加工
 ：                      ⎭
M30                     ← プログラムエンド
```

図5　NC プログラムの例

NC 加 工

表1　Mコードの種類と意味

Mコード	意　味	機　能
M 00	プログラムストップ	プログラムの実行を一時的に停止させる。
M 01	オプショナルストップ	機械操作盤のオプショナルストップスイッチがONのときにプログラムの実行を一時的に停止させる。
M 02	エンドオブプログラム	プログラムの終了を示す。全ての動作が停止し、NC装置はリセット状態になる。
M 30	エンドオブデータ	プログラムの終了を示す。全ての動作が停止し、プログラムのリワインドが行われる。
M 03	主軸正転	主軸を正転（CW）起動させる。
M 04	主軸逆転	主軸を逆転（CCW）起動させる。
M 05	主軸停止	主軸を停止させる。
M 06	工具交換	主軸工具を交換する。
M 08	クーラント ON	クーラント（切削油）を吐出させる。
M 09	クーラント OFF	クーラントの吐出を停止させる。
M 19	主軸オリエンテーション	主軸を定角位置に停止させる。
M 21	X軸ミラーイメージ	X軸移動指令の符号を逆にする。
M 22	Y軸ミラーイメージ	Y軸移動指令の符号を逆にする。
M 23	Z軸ミラーイメージ	Z軸移動指令の符号を逆にする。
M 48	M 49 キャンセル	M 49 の機能をキャンセルする。
M 49	送りオーバーライド無視	送り速度オーバーライド機能を無効にする。
M 57	工具番号登録モード	工具番号の登録モードを設定する。
M 60	パレット変換	横形マシニングセンタのパレットを交換する。
M 98	サブプログラム呼出し	サブプログラムを呼出し、実行させる。
M 99	エンドオブサブプログラム	サブプログラムを終了し、メインプログラムに戻る。

表2　Gコードの種類と意味

Gコード	グループ	意　味	用　途
G 00	01	位置決め	工具の早送り
G 01		直線補間	切削送りによる直線補間
G 02		円弧補間　CW	時計回りの円弧切削
G 03		円弧補間　CCW	反時計回りの円弧切削
G 04	00	ドウェル	次ブロック実行の一時停止
G 09		イグザクトストップ	インポジションチェック
G 10		データ設定	工具補正量の変更

I. 加工方法

G 17	02	XY 平面	XY 平面の指定
G 18		ZX 平面	ZX 平面の指定
G 19		YZ 平面	YZ 平面の指定
G 27	00	自動原点復帰チェック	機械原点への復帰チェック
G 28		自動原点復帰	機械原点への復帰
G 29		自動原点からの復帰	機械原点からの復帰
G 30		第2原点復帰	第2原点への復帰
G 40	07	工具径補正キャンセル	工具径の補正モードを解除
G 41		工具径補正左	工具の進行方向に対して左側にオフセット
G 42		工具径補正右	工具の進行方向に対して右側にオフセット
G 43	08	工具長補正＋	Z軸移動の＋オフセット
G 44		工具長補正－	Z軸移動の－オフセット
G 49		工具長補正キャンセル	工具長の補正モードをキャンセル
G 52	00	ローカル座標系設定	ワーク座標系内で座標系を設定
G 53		機械座標系選択	機械基準点を原点にした座標系の選択
G 54	12	ワーク座標系1選択	工作物の基準位置を原点にした座標系の設定
G 55		ワーク座標系2選択	
G 56		ワーク座標系3選択	
G 57		ワーク座標系4選択	
G 58		ワーク座標系5選択	
G 59		ワーク座標系6選択	
G 73	09	ペックドリリングサイクル	高速深穴あけの固定サイクル
G 74		逆タッピングサイクル	逆タッピングの固定サイクル
G 76		ファインボーリングサイクル	穴底で工具シフトを行う固定サイクル
G 80		固定サイクルキャンセル	固定サイクルのモードを解除
G 81		ドリルサイクル	穴あけの固定サイクル
G 82		ドリルサイクル	穴底でドウェルを行う穴あけの固定サイクル
G 83		ペックドリルサイクル	深穴あけの固定サイクル
G 84		タップサイクル	タッピングの固定サイクル
G 85		ボーリングサイクル	往復切削送りの固定サイクル
G 86		ボーリングサイクル	穴ぐりの固定サイクル
G 87		バックボーリングサイクル	裏座ぐりの固定サイクル
G 88		ボーリングサイクル	手動送りができる穴ぐりの固定サイクル
G 89		ボーリングサイクル	穴底でドウェルを行う穴ぐりの固定サイクル

G90	03	アブソリュート指令	絶対値指令方式の選択
G91		インクレメンタル指令	増分値指令方式の選択
G92	00	ワーク座標系の設定	プログラム上でワーク座標系を設定
G98	10	固定サイクルイニシャル点復帰	固定サイクル終了後にイニシャル点に復帰
G99		固定サイクルR点復帰	固定サイクル終了後にR点に復帰

カスタムマクロ

カスタムマクロ機能（変数）を使うことによってプログラムを簡単にしたり、自社の加工に適したオリジナルの固定サイクルを作ったりすることができる。また、座標系の設定などに使用する自動計測プログラムもカスタムマクロで作られているので、ユーザーもマクロ機能を知っていると便利である。

表3にマクロ変数の種類、図6にマクロプログラムの例を示す。

表3　マクロ変数の種類

変数番号	変数の種類	機　　能
#1〜#33	ローカル変数	それぞれのマクロプログラムごとに使用できる変数
#100〜#149 #500〜#531	コモン変数	異なるマクロプログラム間で共通に使用できる変数
#1000〜	システム変数	現在位置や工具補正量など、NCシステムで使用する変数

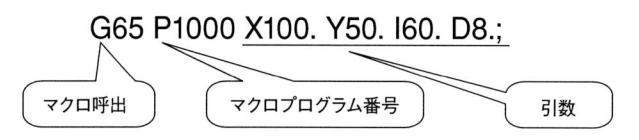

G65 P1000 X100. Y50. I60. D8.;

マクロ呼出　　マクロプログラム番号　　引数

```
O1000 (BOLT HOLE)
IF [ [#4*#7] EQ 0] GOTO990
IF [#24 EQ #0] GOTO990
IF [#25 EQ #0] GOTO990
IF [#4009 EQ 80] GOTO10
IF [#19 NE #0] GOTO992
N10 #31= #4003
#10=1
WHILE [#10 LE #7] DO 1
#11=#1+360*[#10-1]/#7
#12=#24+#4*COS [#11]
#13=#25+#4*SIN [#11]
        G90 X#12 Y#13
        IF [#19 EQ #0] GOTO20
        G#31
        G65P#19
        N20 #10=#10+1
        END1
        GOTO999
        N990 #3000=140 (DATA FUSOKU)
        N992 #3000=142 (DATA ERROR)
        N999 M99
```

図6　マクロプログラムの例（円周上の位置決め）

Ⅰ. 加工方法

▎CAM

　CAD/CAM が普及し、NC プログラムを **CAM**(Computer Aided Manufacturing) を使って作成することが多くなってきた。今やマシニングセンタ作業者にとっても CAM の知識は必須である。

　CAM には、主に部品加工用の **2 次元(2.5 次元)CAM** と金型用の **3 次元 CAM** があるが(**図 7**)、CAM を使った加工データの作成ができる(**図 8**)他、ポストプロセッサやシミュレーションの知識、およびデータの変換や転送に関する知識が必要である。

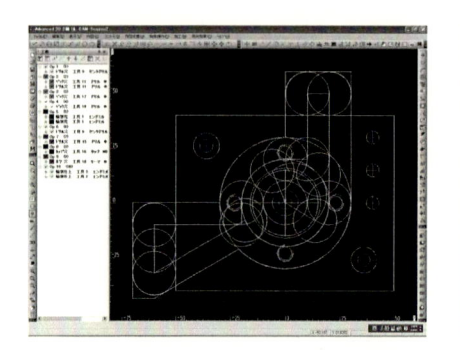

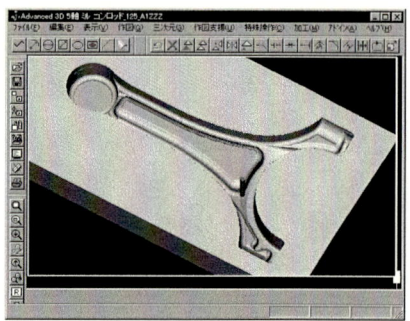

図7　2次元 CAM と 3 次元 CAM の例（ライコムシステム社 AlphaCAM）

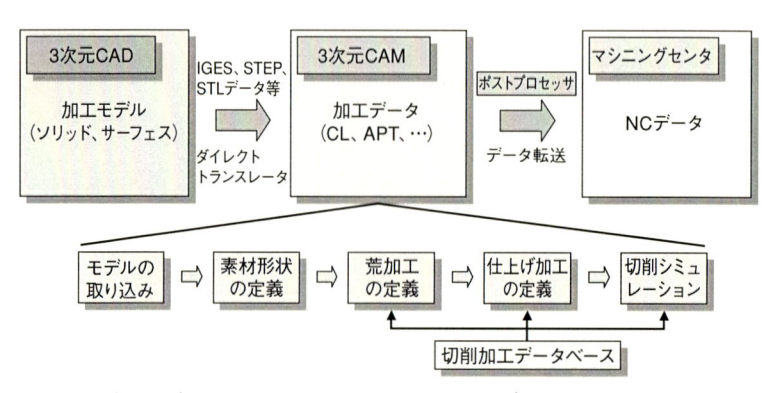

図8　3 次元 CAD/CAM システムによる NC データの作成フロー

― 48 ―

高速・高精度輪郭制御

3次元CAD/CAMによる自由曲面の金型加工などにおいては、加工データは点群出力されるため膨大な量になり、通常のNC制御では対応できなくなる。そこで、特別に高速演算処理し、NCデータを相当量先読みして最適な加減速を行い高精度な加工面を得るための制御方式が**高精度輪郭制御**（**HPCC**：High Precision Contour Control）である。HPCCモードでは、高速送り条件においても輪郭形状の誤差が最小限に抑えられ、高品位な仕上げ面を得ることが可能になる。

G05P10000；HPCCモードON

G05P0；HPCCモードOFF

少ないデータ量で滑らかな自由曲面を得るための方法として、**NURBS補間**（**図9**）がある。NURBS（Non Uniform Rational B-Spline）とは、有理式を用いたスプライン曲線の一種で、NURBS曲線で作成されたCADモデルを元に直接曲線補間データを出力するものである。

G06.2　X__Y__Z__R__K__；NURBS補間

X、Y、Z：制御点

R：ウエイト

K：ノットベクトル

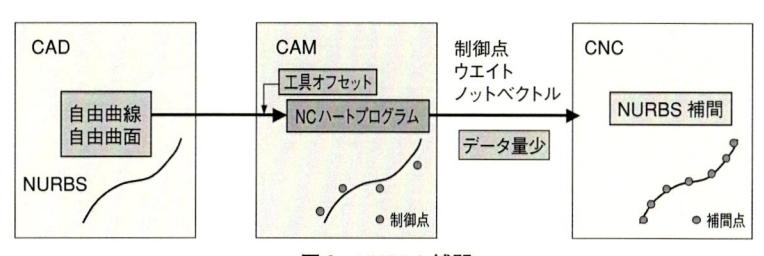

図9　NURBS補間

I. 加工方法

その他の加工

高速切削加工法

高速切削加工法とは、主に金型などの高硬度材を対象とした高速主軸回転による微小切込み・高送りによる切削加工法である（図1）。高速切削加工法が一般に導入されて10年以上が経過し、今や当たり前の加工法になっており、マシニングセンタ作業者は高速切削を理解していなければ一人前とは言えない。

従来の金型加工は、生材をマシニングセンタで荒加工した後、焼入れして放電加工し、最終的には手磨きで仕上げる工程を経る。高速切削では、あらかじめ焼入れされた材料（プレハードン鋼）を直接マシニングセンタで荒から仕上げまで一貫して加工することにより、大幅なリードタイムの短縮とコストダウンを図ることができる。

高速切削により磨きレスの高品位な金型仕上げ面を得るためには、高速マシニングセンタの他にもツーリングや切削工具、あるいはCAD/CAMやNC制御技術など、様々な要素技術の最適化が必要である。高速切削加工は、切削加工を構成する各種要素の総合技術と言える。

小径のボールエンドミルを使用する場合は数万回転の主軸回転数が必要にな

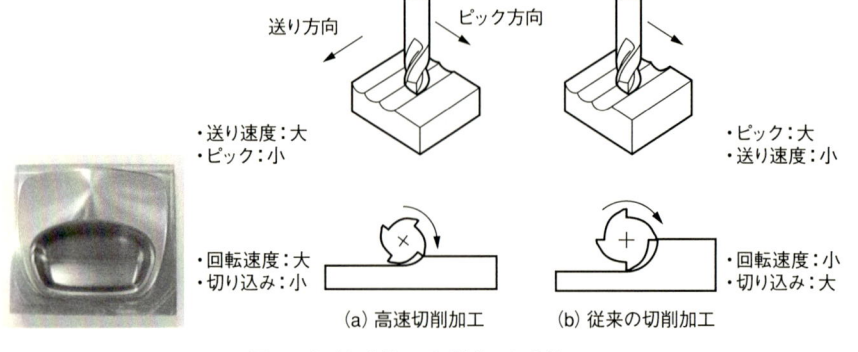

図1　高速切削加工と従来の切削加工

その他の加工

表1 プラスチック金型（40 HrC）の切削条件例

工程	使用工具	切込み (mm)	ピック (mm)	主軸回転数 (min^{-1})	送り (mm/min)
荒加工	R5超硬ボールエンドミル	0.5	5.0	12000	2400
中仕上げ加工	R4超硬ボールエンドミル	0.2	0.4	16000	3200
仕上げ加工	R3超硬ボールエンドミル	0.1	0.2	20000	4000

る（表1）。送り機構にはリニアモータの採用も増え、マシニングセンタの高速化が進んでいる。高速切削が導入されてツーリングは大きく変化し、2面拘束HSKホルダが主流になりつつある。切削工具の進歩も著しい。

5軸制御加工

近年、**5軸制御マシニングセンタ**が注目を浴びている。同時5軸制御での加工だけでなく、割出5軸としての活用も進んでいる。5軸制御マシニングセンタとは、通常の直線3軸のマシニングセンタに回転軸が2軸追加されたもので、あらゆる姿勢の制御が可能になり、インペラなどの複雑形状物がワンチャックで加工できるようになる（図2）。

5軸制御マシニングセンタにもいくつかのタイプがあるが、中小型のマシニングセンタではテーブル側が旋回、大型のマシニングセンタでは主軸側が旋回

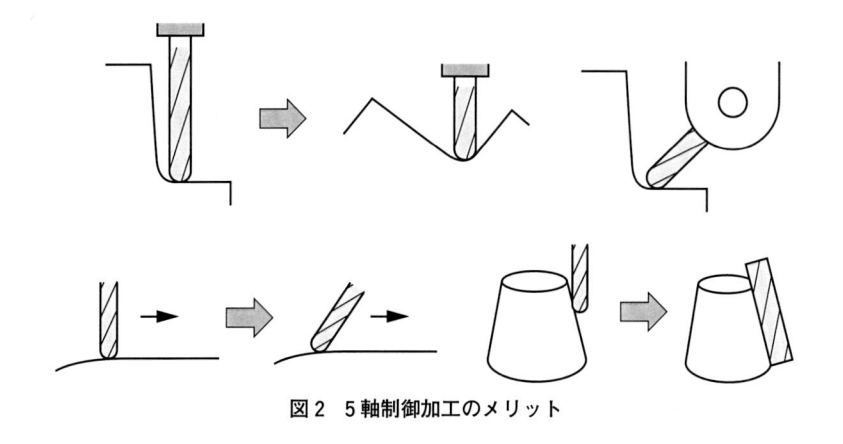

図2　5軸制御加工のメリット

Ⅰ. 加 工 方 法

するものが多い。5軸制御マシニングセンタによれば複雑形状物やアンダーカット部の加工が可能になる他、加工精度の向上や工程集約によるコスト削減の効果が大きい。

5軸制御マシニングセンタを活用するには加工データをいかに作成するかが重要課題であり、そのためにはCAD/CAMの利用が欠かせない（**図3**）。現在は多くのCAMが5軸加工に対応しており、姿勢さえ作れば3軸CAMと同等に扱うことができるようになってきた。5軸加工では干渉が起こりやすく、また形状によっては回転軸が思わぬ方向に急旋回することもあるので、ポストプロセッサの作り込みとマシンシミュレーションも重要である。

NC制御装置側でも5軸加工機能が充実してきた。**表2**に一覧を示すが、詳しくは取り扱い説明書を参照してほしい。

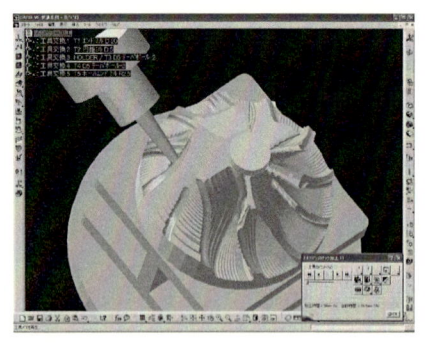

図3 5軸加工用 CAD/CAM の例（ダッソーシステムズ社 CATIA）

表2 5軸制御機能（ファナック）

分　類	5軸制御機能	Gコード
プログラムを簡単にする機能	3次元座標変換	G 68
	傾斜面加工指令	G 68.2
	工具先端点制御	G 43.4
工具補正機能	工具軸方向工具長補正	G 43.1
	3次元工具径補正	G 41.2
手動操作機能	ハンドル送り、ハンドル割込み	

その他の加工

研削加工

マシニングセンタには切削工具の代わりに**研削砥石**を取り付け研削加工を目的にした**グラインディングセンタ**もあるので、研削加工についてもぜひ知っておいてもらいたい。

グラインディングセンタには研削盤ベースのものとマシニングセンタベースのものとがあるが、マシニングセンタベースのものは基本的にマシニングセンタと変わらず、研削加工に適した主軸を搭載し、研削砥石のドレッシング装置や研削粉を回収する装置が付いていたりする。グラインディングセンタによれば、**平面研削**や**溝研削**の他、**輪郭研削**や、総形砥石によらない成形研削が可能になる（**写真1**）。

研削砥石は、**砥粒**、**結合剤**、および**気孔**の3要素からなり、摩耗した砥粒が脱落して新しい砥粒が出現するという**自生作用**によって加工を進める（**図4**）。

グランディングセンタでは、普通の研削砥石の他、超砥粒ホイールが使われることも多い。被削材の種類や目的に合った研削砥石を選択し、適正な条件で安全に使用することが大切である（**表3**）。

(a) 平面研削　　(b) 溝研削　　(c) 輪郭研削

写真1　グラインディングセンタによるファインセラミックスの研削加工[9)]

Ⅰ. 加工方法

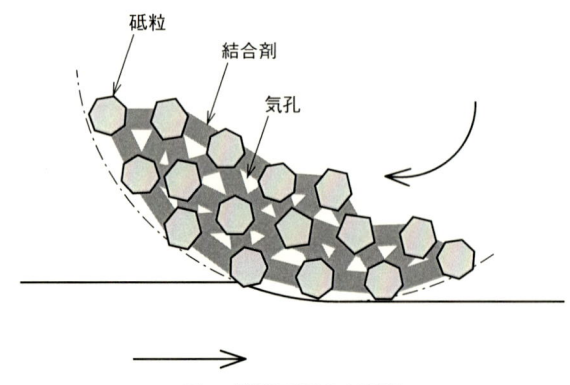

図4　研削砥石の3要素

表3　研削砥石（砥粒）の種類

分類	系列	記号	名称	主な用途
研削砥石	A系（アルミナ質）	A	アランダム	一般鋼材
		WA	白色アランダム	焼入れ鋼
	C系（炭化ケイ素質）	C	カーボランダム	鋳鉄、非鉄金属
		GC	緑色カーボランダム	超硬合金
超砥粒ホイール	cBN（六方晶窒化ホウ素）	cBN	シービーエヌ	焼入れ鋼 超硬合金
	D系（ダイヤモンド）	SD	人造ダイヤモンド	非鉄金属 非金属
		D	天然ダイヤモンド	

参 考 文 献

1) 菊池庄作、柳沢繁夫：切削の理論と実際、共立出版、p.41
2) 能力開発研究センター編：一級技能士コース「機械加工科」、選択・フライス盤加工法、p.1
3) 能力開発研究センター編：一級技能士コース「機械加工科」、選択・フライス盤加工法、p.86
4) 能力開発研究センター編：一級技能士コース「機械加工科」、選択・フライス盤加工法、p.87
5) 能力開発研究センター編：一級技能士コース「機械加工科」、選択・フライス盤加工法、p.93
6) エンドミルのすべて、大河出版
7) 翁登茂二、山住海守：機械加工のワンポイントレッスン、大河出版、p.62
8) 能力開発研究センター編：機械工作法、p.65
9) 能力開発研究センター編：NC工作機械[2]マシニングセンタ、p.12

II

切 削 工 具

チェックシート

切削工具

分類	項目	技量水準 1	2	3	4	スコア
正面フライス	肩削りと平削りの特徴を説明できる。					
	切込み角の切削特性について説明できる。					
	アキシャルレーキとラジアルレーキについて説明できる。					
	垂直すくい角と切れ刃傾き角について説明できる。					
	さらい刃について説明できる。					
	スローアウェイチップの呼び方について説明できる。					
	スローアウェイチップの選定ができる。					
エンドミル	エンドミルの種類について説明できる。					
	刃長が切削加工に及ぼす影響を説明できる。					
	刃数が切削加工に及ぼす影響を説明できる。					
	ねじれ角が切削加工に及ぼす影響を説明できる。					
	刃先コーナチャンファについて説明ができる。					
ドリル	溝長が切削加工に及ぼす影響を説明できる。					
	チゼルエッジが切削加工に及ぼす影響を説明できる。					
	シンニングが切削加工に及ぼす影響を説明できる。					
	先端角が切削加工に及ぼす影響を説明できる。					
	バックテーパが切削加工に及ぼす影響を説明できる。					
タップ	直溝タップについて説明ができる。					
	スパイラルタップについて説明ができる。					
	スパイラルポイントタップについて説明ができる。					
	盛上げタップについて説明ができる。					
	タッパーを使用したタップ加工ができる。					
	シンクロタップ機能でタップ加工ができる。					
	ねじ切りカッタを使用したねじ加工ができる。					
その他の穴加工工具	食付き角、食付きテーパについて説明できる。					
	ねじれについて説明できる。					
	マージン幅について説明できる。					
	びびり対策ができる。					
工具材種	工具材種の種類について説明できる。					
	工具材種の選定ができる。					

正面フライス

正面フライスの主要角度

正面フライスの主要な切れ刃角度を**図1**に、それらの特徴を**表1**に示す。

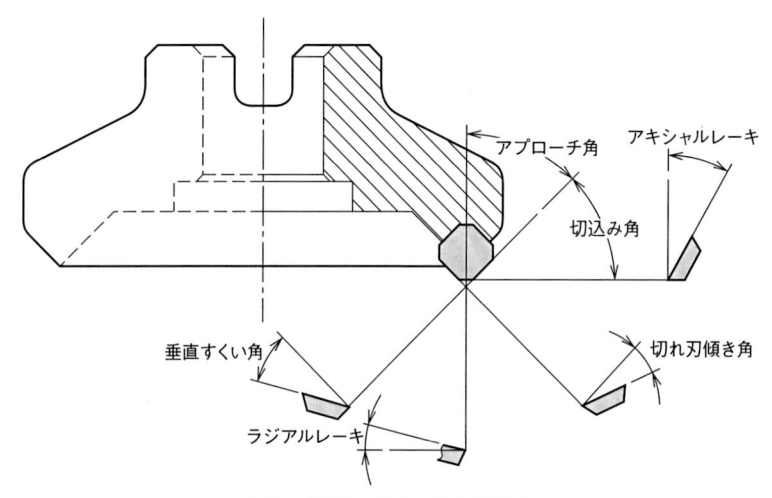

図1 正面フライスの主要角度

表1 切れ刃諸角度の特性

切れ刃諸角度の名称	機　能
アキシャルレーキ (軸方向すくい角)	正と正、負と負、アキシャルレーキが正とラジアルレーキが負の組合せが一般的。
ラジアルレーキ (半径方向すくい角)	切りくず排出の方向、溶着、スラストなどを支配。
アプローチ角	切取り厚さ、排出方向を支配。 大きいとき切取り厚さは減少し、切削負荷も減少するが、背分力が大きくなる。
垂直すくい角 (真のすくい角)	正のとき切削性が良く、溶着しにくいが、切れ刃の強度は弱くなる。 負のとき切れ刃強度は上がるが、切れ味が悪く溶着しやすい。
切れ刃傾き角	切りくず排出の方向を支配。 正のとき排出が良く切削抵抗は小さくなるが、コーナ部の強度は劣る。

Ⅱ. 切削工具

加工方法の分類

　正面フライスは、平面を加工するのに使用し、加工形状によって**肩削り形**と**平削り形**に分類される。どちらも底部の加工（**平面加工**）が行えるが、肩削り形は径方向を 90°（直角）加工できるが、平削り形は径方向に切込み角に応じて角度がつく（**写真1**）。使い分けは、被削材の形状によって決定される。肩削り形は段削りやコーナ部の直角度が必要な場合に使用し、それ以外の平面加工は平削り形を使用する。

　図2に示すように、軸方向切込み深さと1刃当たりの送りが同じ場合、アプローチ角が大きい（切込み角が小さい）平削り形の方が、実際の切取り厚さが

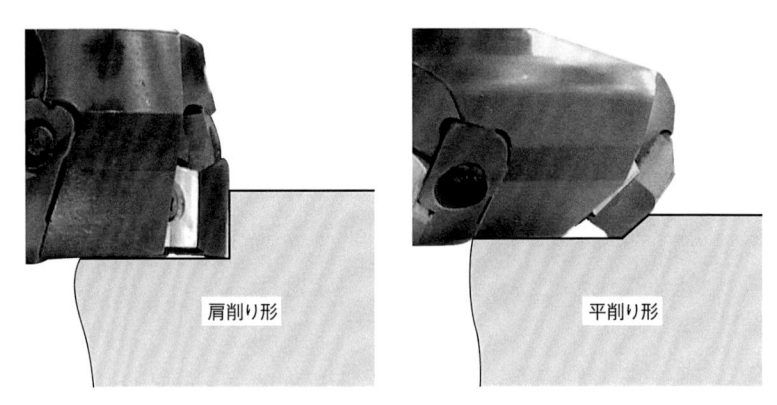

写真1　肩削り形と平削り形

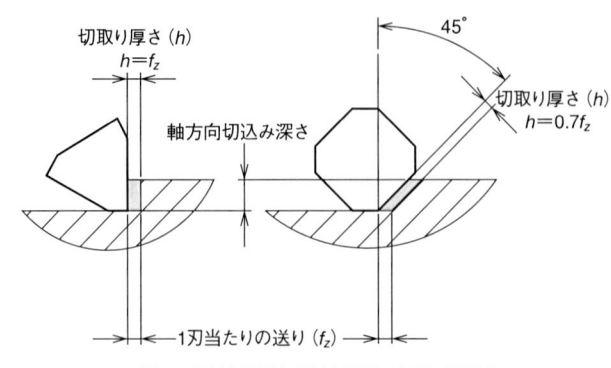

図2　肩削り形と平削り形の切取り厚さ

薄くなる。また、被削材と接触する切れ刃の長さも長くなり、切れ刃が被加工物に食い付く際の衝撃が小さくなるので、平削り形が有利となる。

基本刃形

すくい角は、切れ味と切りくずの流出方向を決める重要な要素である。正面フライスの場合、**アキシャルレーキ**（軸方向のすくい角）と**ラジアルレーキ**（径方向のすくい角）がある。刃先が先行する刃形形状を**ポジティブすくい角**、刃先が遅れる刃形形状を**ネガティブすくい角**という（**写真2**、**写真3**）。

ポジティブすくい角（＋）　　　　ネガティブすくい角（−）

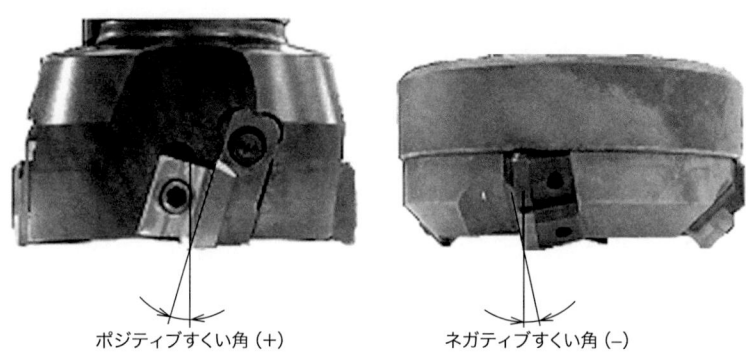

写真2　アキシャルレーキのポジティブすくい角とネガティブすくい角

ポジティブすくい角（＋）　　　　ネガティブすくい角（−）

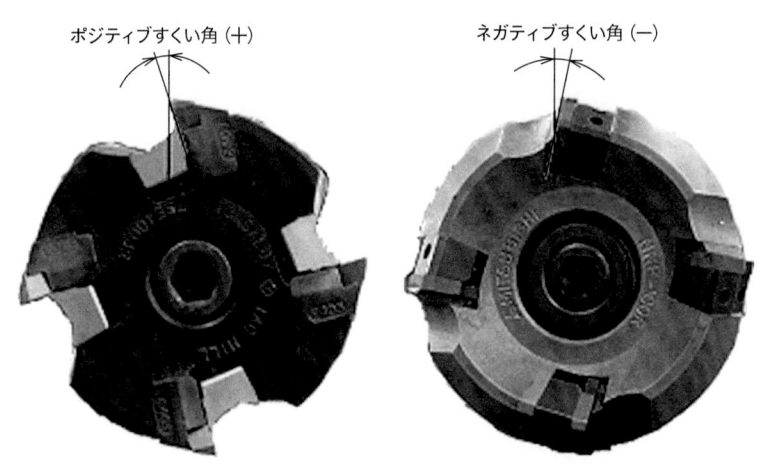

写真3　ラジアルレーキのポジティブすくい角とネガティブすくい角

II. 切削工具

表2 基本刃形の特徴

刃形	長所	短所	用途
ダブルネガ刃形	切れ刃の強度が強い。チップ両面使用でき経済的。	切れ味が良くない。	鋳鉄切削や鋼の量産軽切削
ダブルポジ刃形	切れ味が良い。	切れ刃の強度が弱い。チップの片面しか使えない。	鋼フライス加工一般。びびりやすい材料の加工。
ネガポジ刃形	切れ味が良く、切りくず形状と排出が良い。	チップの片面しか使えない。	鋼や鋳鉄のほか、ステンレス鋼やダイス鋼などの加工にも適す。

アキシャルレーキとラジアルレーキの組合せにより3種類の刃形が実用化されている（**表2**）。

アキシャルレーキとラジアルレーキがともにネガティブである組合せを**ダブルネガ刃形**と呼ぶ。ダブルネガ刃形は、すくい角がネガ（マイナス）のため、切削抵抗が大きくなり、より大きな動力と剛性が必要である。しかし、切れ刃強度が高くなるので、高硬度材のように高い衝撃応力がかかる被削材に適する。切りくずがつながって排出される被削材では、切りくずがフライスの内側に入り込む傾向となり、切りくずの排出と処理が問題となる。切りくずが短く排出される鋳鉄のような被削材に適する。チップの両面が使用できるため、経済的という利点がある。

アキシャルレーキとラジアルレーキがともにポジティブである組合せを**ダブルポジ刃形**と呼ぶ。ダブルポジ刃形は、すくい角がポジ（プラス）のため、切れ味が良く、切りくず厚さが薄くなる。そのため切削抵抗が低く、消費動力は少なくなる。アルミ、延性の高い鋼、ステンレス、耐熱合金などの構成刃先の生じやすい被削材に適する。また、動力を低く抑えたい場合などにも適する。しかし、食付き時にチップの先端から当たるため硬い被削材などではチッピングの危険性がある。チップは片面のみ使用ができる。

アキシャルレーキがポジティブ、ラジアルレーキがネガティブである組合せを**ネガポジ刃形**と呼ぶ。ネガポジ刃形は、径方向のすくい角がネガなのでチッ

プの切れ刃強度は高い。軸方向のすくい角はポジ（プラス）なので切りくず生成は良好となる。消費動力はダブルポジ刃形より高く、ダブルネガ刃形よりやや低くなる。切込み角を45°にすると、万能的なカッタとして使用でき、難削材の加工や加工条件の難しい作業にも対応できる。チップは片面のみ使用ができる。

▎垂直すくい角と切れ刃傾き角

アキシャルレーキとラジアルレーキについて説明したが、実際の切れ味を決めるのは**垂直すくい角**（**真のすくい角**）である。

アプローチ角が0°（切込み角が90°）となる肩削り形の場合は、ラジアルレーキが垂直すくい角、アキシャルレーキが切れ刃傾き角となる。しかし、アプローチ角に角度がついた平削り形の場合、アプローチ角に沿った主切れ刃のすくい角が垂直すくい角となる。

垂直すくい角は、フライスの切削性能を決める重要な角度で、1°につき切削抵抗に約1%影響する。すくい角が＋になれば切れ味は良くなり動力は少なくなるが、大きすぎると刃先強度が弱くなりすぎる。

切れ刃傾き角は、切りくずの流出方向を決める角度である。平削り形の場合、ラジアルレーキがネガティブで、切れ刃傾き角がポジティブの場合に、切りくずがフライスの外側に排出されるので、切りくずがつながって排出される被削材に適する。平削り形の垂直すくい角と切れ刃傾き角には、次の関係（**クローネンベルグの式**）が成り立つ。

$$\tan(T) = \tan(R) \times \cos(CH) + \tan(A) \times \sin(CH)$$
$$\tan(I) = \tan(A) \times \cos(CH) - \tan(R) \times \sin(CH)$$

T：垂直すくい角
I：切れ刃傾き角
A：アキシャルレーキ
R：ラジアルレーキ

アプローチ角

アプローチ角の大きさによって切削特性が異なる。これは、図2で示したように切取り厚さと切れ刃の接触長さに関係する角度である。アプローチ角が大きくなれば、切取り厚さが薄くなり切れ刃への負荷が減少するため、送りを上げることができ、一般的に寿命は良くなる。

しかし、アプローチ角の大きさによって特に異なった傾向を示すのは、**背分力**といわれる切削抵抗である。これはフライスを軸方向へ押し上げようとする力で、アプローチ角45°の場合が一番大きく働く。背分力は切削中のびびりに影響し、背分力が大きくなってくると、びびりが生じやすくなる。

さらい刃

正面フライスは多刃なので、チップの振れが面粗さと工具寿命に影響を与える。面粗さについては、チップの取付け時の振れが面粗さに与える影響を少なくするために、フライス用のチップには通常、**図3**に示すような**さらい刃**またはコーナ半径が付けられている。これにより1回転当りの送り f (mm/rev) をさらい刃の幅以内に設定することで、もっとも突出している刃で仕上げ面を削るため、面粗さの良い加工ができる（**図4**）。

しかし、取付け時の振れが大きいと、もっとも突出している刃に負荷がかかり、振動やチッピングが生じやすくなる。そのため取付け時の振れをできるだ

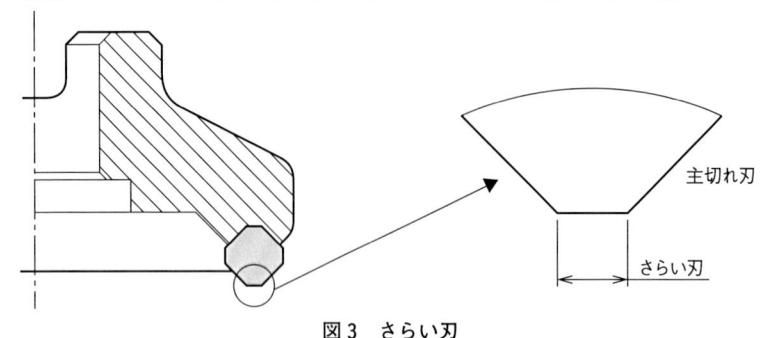

図3　さらい刃

正面フライス

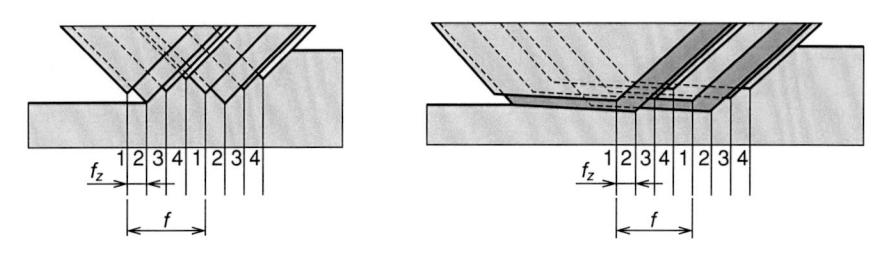

図4 さらい刃の有無による面粗さの違い（4枚刃）

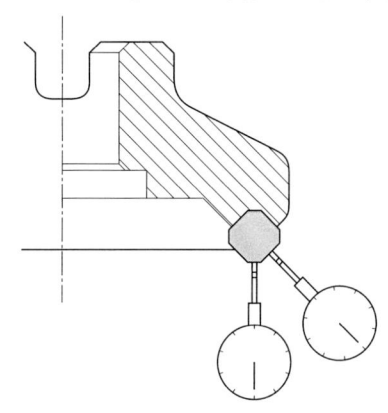

図5 振れの確認

け少なくする必要がある（**図5**）。

▌スローアウェイチップの呼び記号

スローアウェイチップは、その形状、仕様によって分類し、呼び記号を規定している（**表3～表13**）。

表3 スローアウェイチップの呼び方

S	E	E	N	12	03	A	G	T	N	−T
1	2	3	4	5	6	7		8	9	10
形状記号	逃げ角記号	等級記号	溝・穴記号	切れ刃長さまたは内接円記号	厚さ記号	コーナ記号またはコーナ半径	さらい刃逃げ角	主切れ刃の状態記号	勝手記号	補足記号

II. 切削工具

表4 呼び記号の構成要素および配列順序

配列順序	名称	定義	備考
1	a) 形状記号	チップの基本形状を表す文字記号	必ず記号
2	b) 逃げ角記号	チップの主切れ刃に対する逃げ角の大きさを表す文字記号	
3	c) 等級記号	チップの寸法許容差の等級を表す文字記号	
4	d) 溝・穴記号	チップの上下面のチップブレーカ溝の有無、取付け用穴の有無および穴の形状を表す文字記号[1]	
5	e) 切れ刃長さまたは内接円記号	チップの切れ刃の長さまたは基準内接円直径を表す数字記号	
6	f) 厚さ記号	チップの厚さを表す数字記号	
7	g) コーナ記号	チップのコーナ半径の大きさまたは特殊コーナを表す数字または文字記号	
8	h) 主切れ刃の状態記号	主切れ刃の状態を表す文字記号[2]	任意記号
9	i) 勝手記号	チップの勝手を表す文字記号[2]	
10	j) 補足記号	製造業者が追加できる記号[3]	

注[1] d) でXを使用する場合はe)、f) およびg) でこの規格で規定していない数字または記号を使用してもよいが、それらは略図または内容が分かるようにしなければならない。
注[2] h)、i) の記号を混同する恐れがない場合は、どちらか一方または両方と省略してもよい。
注[3] 製造業者は、チップブレーカの種類などの区別のためにj) に1文字または2文字を追加できる。ただし、この場合には―(ダッシュ)を置いて区別する。

表6 逃げ角記号

記号	逃げ角
A	3°
B	5°
C	7°
D	15°
E	20°
F	25°
G	30°
N	0°
P	11°
O	その他の逃げ角

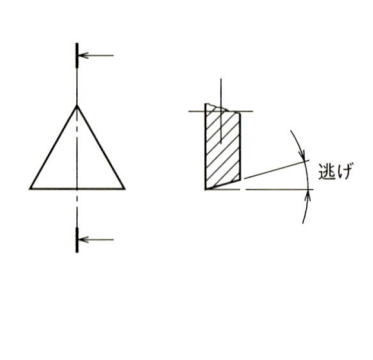

備考 逃げ角は、主切れ刃に対する逃げ角とする

正面フライス

表5　形状記号

種　類		記号	形　状	刃先角	図　形
等辺	正三角形	H	正六角形	120°	⬡
		O	正八角形	135°	⯃
		P	正五角形	108°	⬠
		S	正方形	90°	▢
		T	正三角形	60°	△
	ひし形および等辺不等角形	C	ひし形	80°	▱
		D		55°	
		E		75°	
		M		86°	
		V		35°	
		W	六角形	80°	⬠
不等辺	長方形	L	長方形	90°	▭
	平行四辺形	A	平行四辺形	85°	▱
		B		82°	
		K		55°	
円形		R	円形	―	○

注：(⁴) 刃先角は、小さいほうの角度を使用する

II. 切削工具

表7 等級記号

記号(級)	d の許容差	m の許容差	チップ厚さの許容差
A[5]	±0.025	±0.005	±0.025
F[5]	±0.013		
C[5]	±0.025	±0.013	
H	±0.013		
E	±0.025	±0.025	
G			±0.013
J[5]	±0.05〜±0.15[6]	±0.005	±0.025
K[5]		±0.013	
L[5]		±0.025	
M		±0.08〜±0.2[6]	±0.13
N			±0.025
U	±0.08〜±0.25[6]	±0.13〜±0.38[6]	±0.13

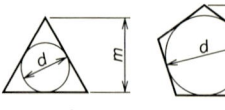

奇数の辺とコーナの場合

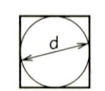

偶数の辺とコーナの場合

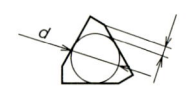

さらい刃付きチップの場合

注[5] 主としてさらい刃付きチップに適用する。
注[6] 許容差の範囲は基準内接円直径によって異なる。

表9 切れ刃長さまたは内接円記号

| 基準内接円直径 d | | 形状別切れ刃長さまたは内接円記号 | | | | | | | | | |
mm	in	H	O	P	S	T	C	D	E	M	V	W	R
4.76		—	—	—	04	08	04	05	04	04	08	13	—
	3/16					1.5							
5.56		—	—	—	05	09	05	06	05	05	09	03	—
	7/32					1.8							
6		—	—	—	—	—	—	—	—	—	—	—	06
6.35		03	02	03	06	11	06	07	06	06	11	04	06
	1/4					2							
7.94		04	03	05	07	13	08	09	08	07	13	05	07
	5/16					2.5							
8		—	—	—	—	—	—	—	—	—	—	—	08
9.525		05	04	07	09	16	09	11	09	09	16	06	09
	3/8					3							
10		—	—	—	—	—	—	—	—	—	—	—	10
12		—	—	—	—	—	—	—	—	—	—	—	12
12.7		07	05	09	12	22	12	15	13	12	22	08	12
	1/2					4							
15.875		09	06	11	15	27	16	19	15	15	27	10	15
	5/8					5							
16		—	—	—	—	—	—	—	—	—	—	—	16
19.05		11	07	13	19	33	19	23	19	19	33	13	19
	3/4					6							
20		—	—	—	—	—	—	—	—	—	—	—	20
25		—	—	—	—	—	—	—	—	—	—	—	25
25.4		14	10	18	25	44	25	31	26	25	44	17	25
	1					8							
31.75		18	13	23	31	54	32	38	32	31	54	21	31
	1 1/4					10							
32		—	—	—	—	—	—	—	—	—	—	—	32

切れ刃長さ L の値の小数点以下の数字を切り捨てた辺の長さの値を使用する。

正面フライス

表8 溝・穴記号

記号	穴の有無	穴の形状	チップブレーカ	形状
N	なし	—	なし	
R			片面	
F			両面	
A	あり	円筒穴	なし	
M			片面	
G			両面	
W	あり	一部円筒穴 片面40°〜60°	なし	
T			片面	
Q		一部円筒穴 片面40°〜60°	なし	
U			両面	
B		一部円筒穴 片面70°〜9°	なし	
H			片面	
C		一部円筒穴 片面70°〜9°	なし	
J			両面	
X	—	—	—	—

表10 厚さ記号

記号	厚さ（mm）
02	2.38
03	3.18
T3	3.97
04	4.76
06	6.35

小数点以下の数字を切り捨てたチップの厚さの値を使用する。

Ⅱ. 切削工具

表11 コーナ記号とさらい刃の逃げ角記号

記号	切込み角
A	45°
D	60°
C	65°
E	75°
F	85°
G	87°
P	90°
Z	その他の角度

記号	さらい刃逃げ角
A	3°
B	5°
C	7°
D	15°
E	20°
F	25°
G	30°
N	0°
P	11°
Z	その他の角度

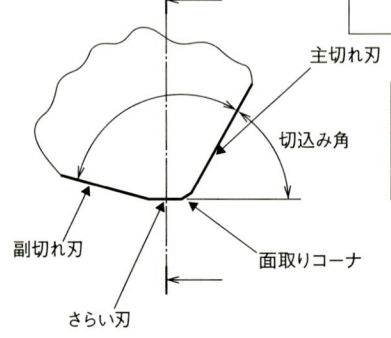

表12 主切れ刃の状態記号

記号	主切れ刃の状態	形状
F	シャープ切れ刃	
E	丸切れ刃	
T	角度切れ刃	
S	複合切れ刃	
K	二段角度切れ刃	
P	二段複合切れ刃	

表13 勝手記号

記号	勝手
R	右
L	左
N	なし

二断角度切れ刃：すくい面側と逃げ面側とを2つの直線で結んだ切れ刃。

二段複合切れ刃：すくい面側と逃げ面側とを2つの直線で結び、3つの角の1つまたは複数を丸めた切れ刃。

エンドミル

■エンドミル各部の名称

エンドミルの各部の名称を**図1**に示す。

使用する用途によってエンドミルは、さまざまな形状、仕様のものがある。

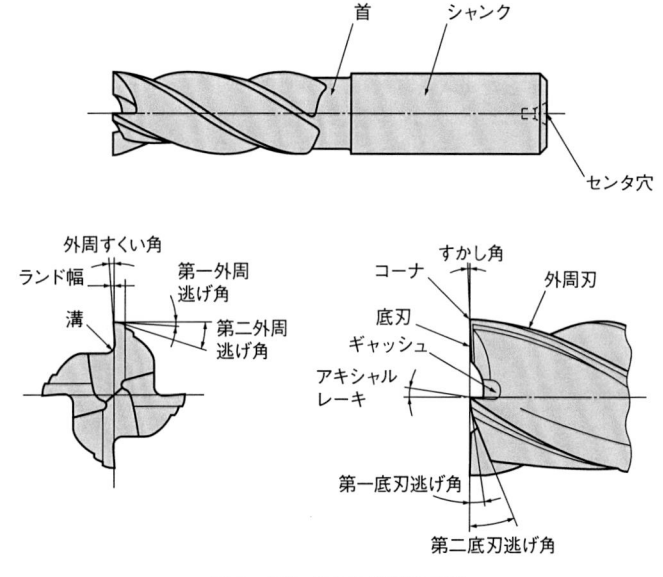

図1　エンドミル各部の名称

■構造による分類

エンドミルは、刃先交換式の**スローアウェイエンドミル**、刃部もシャンク部も一体構造となった**ソリッドエンドミル**、刃部材質が本体にろう付けされた**ろう付けエンドミル**に大別される（**写真1**）。

II. 切削工具

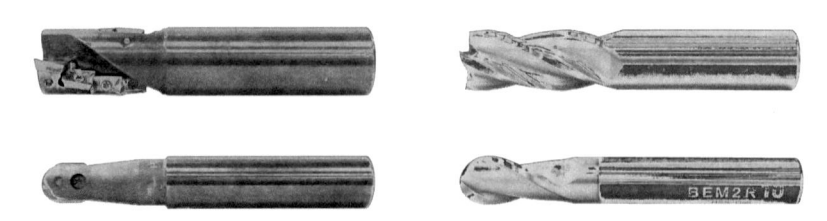

写真1　スローアウェイエンドミル（左）とソリッドエンドミル（右）

形状による分類

図2にエンドミルの刃部形状による分類の一例を示す。

スクエアエンドミルは、エンドミルの基本タイプで、最も汎用的で、外周刃と底刃が角状であり、側面加工、肩削り、溝加工などに使用される。

金型の曲面などの形状加工では、凹凸の状態に応じて切削加工や放電加工によって成形されるが、切削加工の場合は磨き工程前の加工用工具として**ボールエンドミル**が使用される。中心部はチップポケットが小さいので、切れ味は他のエンドミルと比べると良くない。

ラジアスエンドミルは、スクエアエンドミルとボールエンドミルとの中間に位置する。ボールエンドミルなどとともに金型の曲面などの形状加工に使用される。ボールエンドミルに比べて工具本体の剛性が優れている。また、切れ刃がR形状のために、切れ刃強度が高い。Rは小さくても大きな径のエンドミルを使うことができ、加工能率が高い。

スクエアエンドミル　　ボールエンドミル　　ラジアスエンドミル

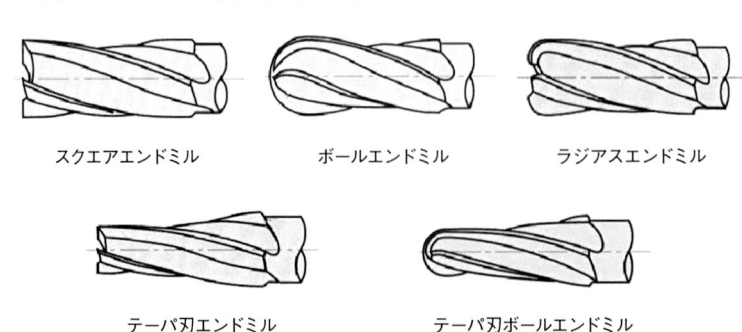

テーパ刃エンドミル　　テーパ刃ボールエンドミル

図2　形状によるエンドミルの分類（TUNGALOYカタログ）

■外周刃形状による分類

仕上げ用、荒加工用（ラフィングエンドミル）という分類もある（**写真2**）。

ラフィングエンドミルには、あらい目や細い目の山形があり、エンドミルの山形の部分が平坦なものと波形の形状のものがある。平坦なエンドミルは、荒加工または中仕上げに用い、波形のエンドミルは荒加工のみに使用する（**図3**）。ラフィングエンドミルを用いると切削抵抗を減少することができ、びびりやすい場合や溝の荒加工などには有利である。

写真2　仕上げ用エンドミル（左）と荒加工用エンドミル（右）

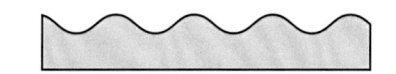

図3　中仕上げ用エンドミル（左）と荒加工用エンドミル（右）の山形

■刃　長

エンドミルの刃長は、S形（ショート刃）、R形（レギュラー刃）、M形（ミディアム刃）、L形（ロング刃）、およびE形（エキストラロング刃）の5種類がJIS B 4211：1998に規格されている。

刃長は短いほど工具剛性が増し、切削性能も良くなる。エンドミルの剛性は刃長（**突出し長さ**）の3乗に反比例するため、エンドミルの刃長（突出し長さ）が2倍になると剛性は1/8となってしまう。

刃長が長くなると工具剛性が低下するため、加工面の倒れが大きくなり、びびりが生じやすくなる。びびりが生じると加工面粗さが悪くなるので、実際の加工においては切削条件を下げて使用せざるを得ない。エンドミルを選定するときは、その加工物に合ったできるだけ短い刃長のものを選定することが大切になる。

Ⅱ．切削工具

■底刃形状

中心部まで切れ刃のある形状と、センタ穴の付いた形状のものがある（**写真3**）。中心部まで切れ刃のあるエンドミルはドリル加工が行える。センタ穴の付いたエンドミルは、ドリル加工が行えないが、再研磨を行う場合、精度よく行えるという利点がある。

写真3　センタ穴の有無

■刃　数

エンドミルの刃数は、1、2、3、4、6……とある（**写真4**）。

刃数が少ないものはチップポケットが大きく、切りくずの排出性が良い。その反面、工具断面積は小さくなり、剛性は低下し、切削の際にたわみが生じやすくなる。逆に、刃数が多いものはチップポケットが小さく、切りくず収容能力は小さく、切りくず詰まりになるため、溝切削には不向きとなる。しかし、工具断面積は大きくなるので、剛性は高くなる。

側面切削においては、切りくず詰まりの心配が少ないため、刃数の多いエンドミルを用いると、チップポケットの大きさよりも工具剛性が大きいのでエンドミルのたわみも生じにくく、良好な仕上げ面が得られる。

比較的深い溝切削（溝深さ1D以上）では、刃数が多くチップポケットが小さいと、切りくず詰まりによって切削トルクが大きくなり、場合によってはエンドミルの折損を招くことがある。また、切削に関与する切れ刃長さが長くなるために、切削抵抗が大きくなり、びびり振動も生じやすくなる（**図4**）。

エンドミル

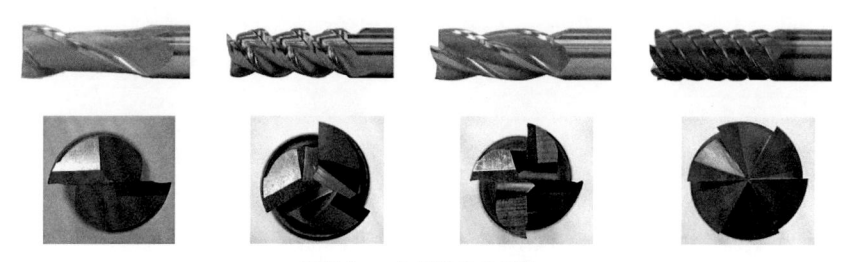

写真4　エンドミルの刃数

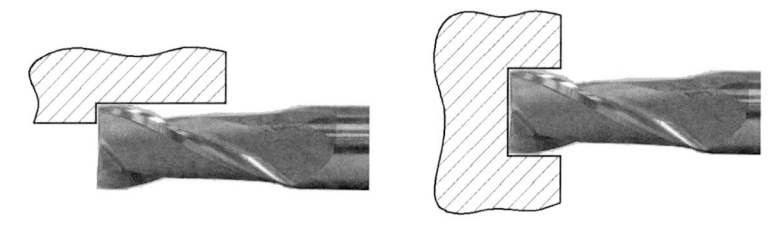

図4　側面切削（左）と溝切削（右）

■ねじれ角

切れ刃の向きによって右刃と左刃があり、溝のねじれ方向により、右ねじれと左ねじれがある。最も一般的なのは右刃右ねじれである。

ねじれのない直刃エンドミルの場合、切削が極端な断続切削となり、切削力の変動が大きくなるが、ねじれ溝の付いたエンドミルの場合は、切削力の変動が小さく、なめらかになる（**写真5**）。その反面、ねじれ角が強くなればなるほど軸方向分力が大きくなり、薄肉加工物での切削では加工物を上方に持ち上

写真5　ねじれ角の違い

Ⅱ. 切削工具

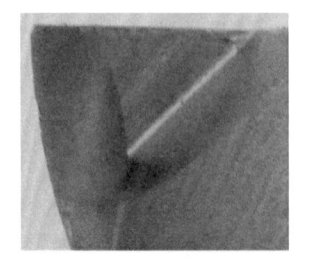

写真6 刃先コーナチャンファの有無

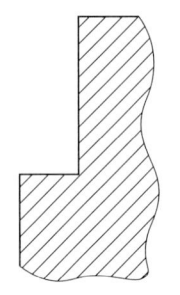

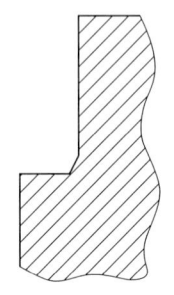

図5 刃先コーナチャンファの有無

げる力が働くので、びびり振動を誘発する原因となる。

　溝切削の場合、ねじれ角が強くなると加工した溝の倒れは大きくなるため、キー溝加工用のエンドミルは、ねじれ角が弱い代表例である。

　ねじれ角が強くなると、すくい角が大きくなり、切削抵抗が減少し、切りくずも薄くなるため、送りを高めることができる。しかし、刃先コーナが鋭利になるので、コーナがチッピングしたり欠損しやすいなどの問題が生じるため、刃先コーナにチャンファやコーナR加工を施してある。

　写真6は写真5の刃先を拡大した写真である。刃先にコーナチャンファが付いていると、コーナは完全な90°にならない（**図5**）。90°のコーナ部を必要とする場合は、ピン角（シャープエッジ）を選択する。

ドリル

ドリル各部の名称

テーパシャンクドリルとストレートシャンクドリルの各部の名称を図1に示す。

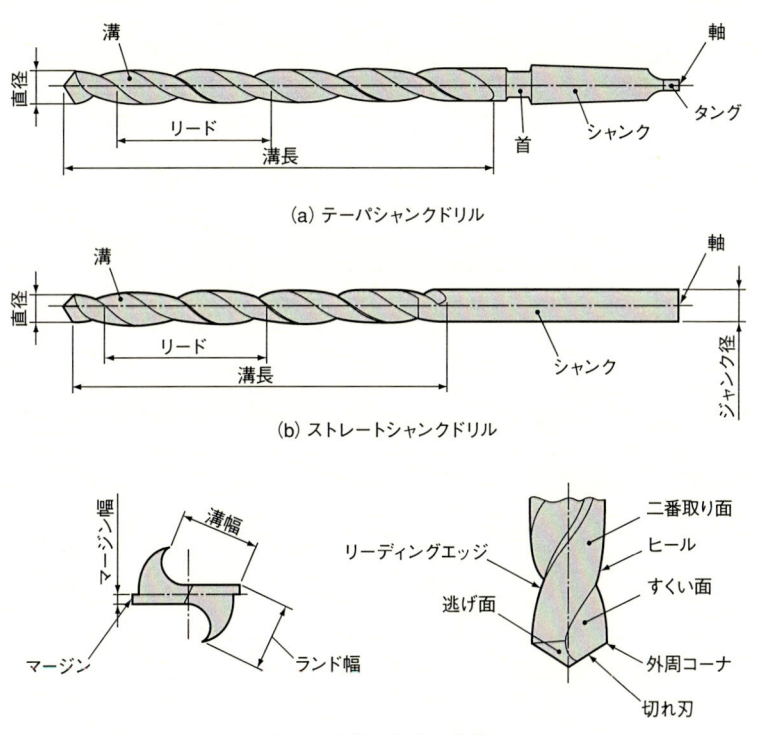

図1　ドリル各部の名称

リードと溝長

リードは、溝が1回転するときの長手方向の長さで、ねじれ角が小さくなれば長くなる。**溝長**はマージンがあるところまでの長さで、そこから溝は切り上

Ⅱ. 切削工具

がっている

　一般に溝のねじれ角は 30°で、これよりもねじれ角が小さい場合を**弱ねじれ**、大きい場合を**強ねじれ**と呼んでいる。弱ねじれは切りくずの排出性が良く、強ねじれはすくい角が大きくなるので切削抵抗は少なくなる。しかし、切れ刃コーナが鋭利になるので、チッピング、欠けなどが生じやすくなる。

　溝長は、スタブ、レギュラ、ロングが JIS 0171：2005 に規格化されている。溝長はドリルの寿命に影響する。溝長が長ければ長いほど剛性が低下し、取付け精度の影響で振れも拡大され、不安定な切削状態になるため、できるだけ短いものを選択する。

▌チゼルエッジ

　チゼルエッジ（**図2**）は、大きなスラスト力を発生させるので、通常はシンニングなどにより小さくしているが、硬い材料ではある程度の長さのチゼルが必要である。

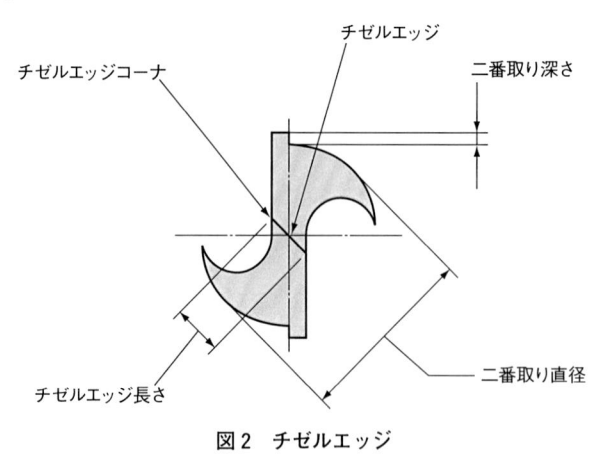

図2　チゼルエッジ

▌心厚と心厚テーパ

　心厚が厚いほどドリルの強度は高くなるが、逆に溝は浅くなる。曲げ剛性を高めるために、ドリルの先端から根元にかけて心厚は徐々に増しており、これ

ドリル

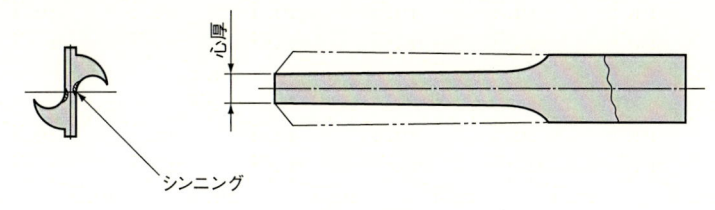

図3 心厚と心厚テーパ

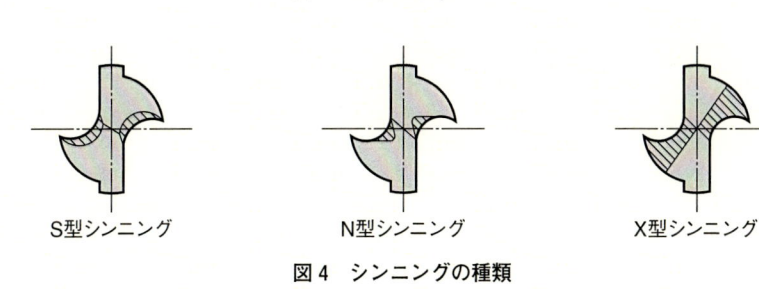

図4 シンニングの種類
S型シンニング　N型シンニング　X型シンニング

を**心厚テーパ**という（**図3**）。心厚と心厚テーパはドリルの剛性と切りくずの排出に関係する。

　加工する穴が深くなりドリルが長くなれば、心厚を大きく取って曲がりや折損を避けなければならない。同時に切りくずを排出する溝の広さも確保しなければならない。心厚が小さい場合は**シンニング**はなくてもよいが、大きくなるにつれて抵抗を減らすのにシンニングが必要となる。

　汎用ドリルの場合、心厚はドリル径の10～20%だが、マシニングセンタで使用する高速・高能率形のドリルでは心厚を径の20～30%に高めてある。切りくずを細かく分断するために送り速度を上げても、それに耐えられる剛性が必要だからである。

　心厚が厚くなるとドリル先端のチゼルエッジが長くなり、スラストが増加する。このスラストを減少させる目的でシンニングを行う（**図4**）。

■バックテーパ

バックテーパは、先端部から刃部の後方に向かって外径を細くするテーパである。加工中、穴壁面とドリル外周が擦過しないように外径にバックテーパが付いている。

■先端角

標準のドリルの場合、ねじれ角が30°で、先端角が118°となっており、118°で切れ刃が直線になる。118°より小さくなると切れ刃は凸形状となり、大きくなると凹形状となる。先端角を大きくするとスラスト抵抗が増加し、トルクが減少する。

タップ

■ タップ各部の名称

タップの各部の名称を**図1**に示す。

タップ加工は、ドリル加工やリーマ加工と異なり1回転1リードで送らなければならない。

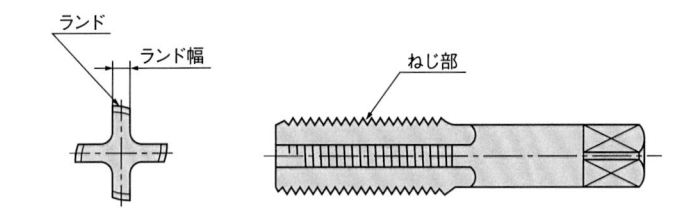

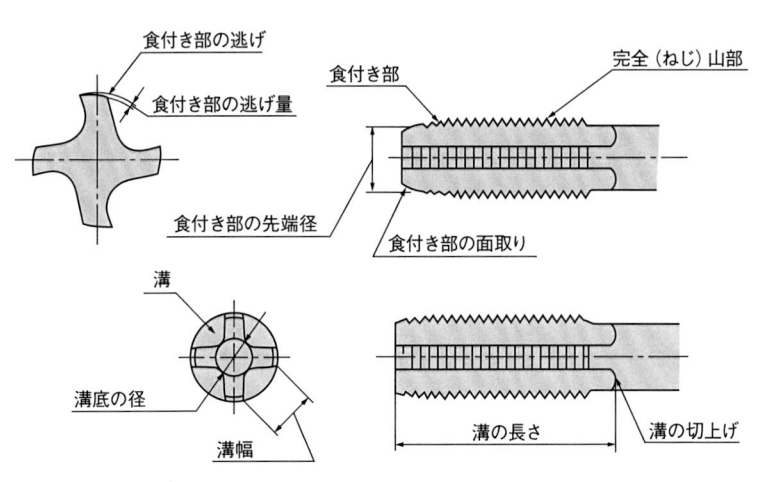

図1　タップ各部の名称

Ⅱ. 切削工具

■ 溝の形態による分類

溝の形態によるタップの分類を**写真1**に示す。

溝が軸線に平行なタップを**直溝タップ**という。切りくずが短く粉状になる被削材に適し、通りと止まりの両方に適用できる。止まりの場合、切りくずは溝底にたまるので注意が必要である。

溝が軸線に対して右にねじれているタップを**スパイラルタップ**という。右ねじの場合、切りくずがシャンク側に排出されるので、切りくずが長い被削材で止まり穴に適用する。左にねじれているタップを**左スパイラルタップ**といい、右ねじの場合、切りくずが進行方向に排出されるので、切りくずが長い被削材で通り穴に適用する。

食付き部の切れ刃側の溝を数山斜めに削りとったタップを**スパイラルポイントタップ**という。切りくずが容易に進行方向に排出されるので、切りくずが長い被削材で通り穴に適用する。**ポイントタップ**ともいう。

切れ刃がなく塑性加工によってめねじを成形するタップを**盛上げタップ**といい、展延性に富んだ被削材に適用する。切りくずを出さないので通りと止まりの両方に適用できる。油溝のあるものとないものがあり、油溝のないものを**溝なしタップ**という。

直溝タップ　　スパイラルタップ　　左スパイラルタップ

ポイントタップ　　盛上げタップ

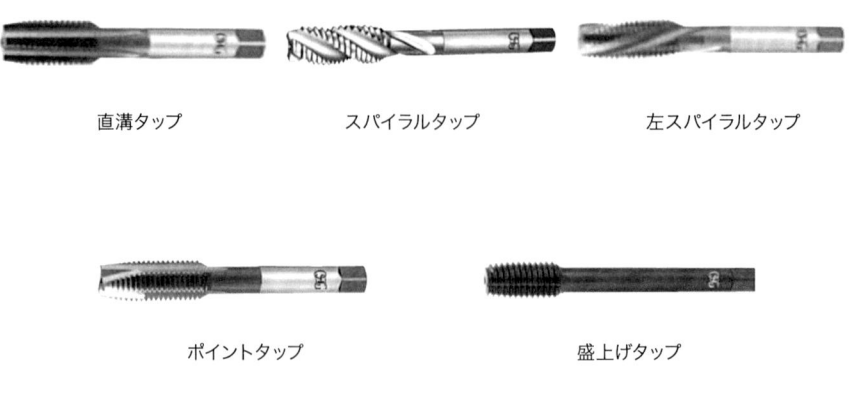

写真1　溝形態によるタップの分類（OSG テクニカルデータ）

■食付き部

タップの切削作用は**食付き部**で行われる。通り穴には食付き部の長いタップを、止まり穴は下穴長さに余裕のない場合は食付き部の短いタップを使用する。しかし、止まり穴でも下穴長さに十分余裕がある場合は食付き部の長いタップが使用できる。

■食付き部の逃げ角

ランド部の刃先から刃の裏にかけてわずかな逃げ加工が行われている。一般的な逃がし方を**表1**に示す。

逃げのない**コンセントリックレリーフ**は、自己案内性に優れる反面、切削抵抗が大きくなる。ランドを残さず完全に逃がす**エキセントリックレリーフ**は、自己案内性が劣るが、切削抵抗は小さくなる。その中間が、ランドを残して逃げがある**コンエキセントリックレリーフ**である。

表1 食付き部の逃がし方（OSG テクニカルデータ）

コンセントリックレリーフ	コンエキセントリックレリーフ	エキセントリックレリーフ
ランド／逃げなし	同心部（マージン）／ねじ山の逃げ	刃先から逃げ
ねじ山の逃げがない。自己案内性に優れる。切削抵抗が大きい。	ランドを一部残し、ねじ山の逃げがある。自己案内性に優れる。	ランドがなく、ねじ山の刃先から逃げがある。自己案内性に劣る。タップの切れ味は良い。シンクロタップに適す。

■シンクロタップ

主軸の回転とタップの送りを完全に同期させた機構をもつマシニングセンタでは、伸縮機能を持ったタッパは必要なく、コレットホルダにタップを取り付けて使用できる。このようなタップ加工を**シンクロタップ加工**、または**ダイレクトタップ加工**といい、高速で高精度な加工が行える。食付き部の逃げが、エ

Ⅱ．切削工具

キセントリックレリーフを使用するとタッピングトルクを減少させることができる。タップの振れはトラブルの原因となるので、シャンク精度が高く振れ精度のよいスプリングコレットを使用する。

■ねじ切りカッタ

　タップ加工とは異なるが、マシニングセンタの**ヘリカル補間機能**（同時3軸制御）を利用してねじ加工を行う方法もある。使用するねじ切りカッタ（**写真2**）は、タップのようにリードはなく、平行に山が作られているので、ヘリカル補間で1周移動する間に1ピッチ分軸方向へ送ることでリードの付いたねじが加工できる。

　この方法を用いると、ねじのピッチとねじ山の形状が同じであれば、同一の工具で径の異なるねじの加工ができ、タップ加工では困難な大径ねじの加工が行える。また、ヘリカル補間の移動方向と軸方向の送り方向で右ねじ、および左ねじの加工もでき、止まり穴の逃げが極端に少ない止まり穴でも下から上に抜く方向加工できる。しかし、エンドミルと同様に倒れが生じるので、注意が必要である。びびりが発生する場合は、バイトによる方法で対処することもある。

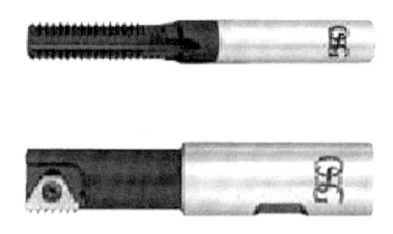

写真2　ねじ切りカッタ（OSGテクニカルデータ）

その他の穴加工工具

■リーマ

リーマは、あらかじめあけられた下穴を正確に仕上げ、滑らかな仕上げ面を得る場合に用いる。

(1) リーマ各部の名称

ストレートシャンクリーマとテーパシャンクリーマの各部の名称を**図1**に示す。

(a) ストレートシャンクリーマ

(b) テーパシャンクリーマ

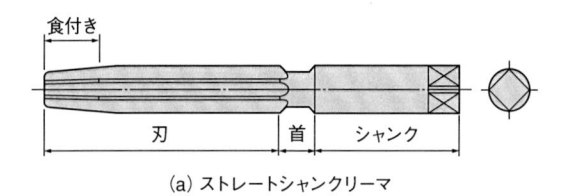

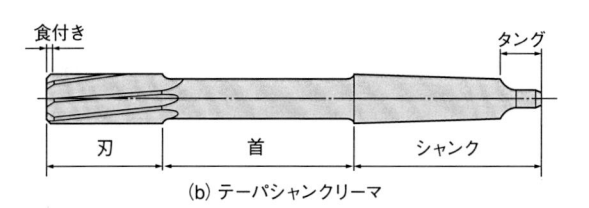

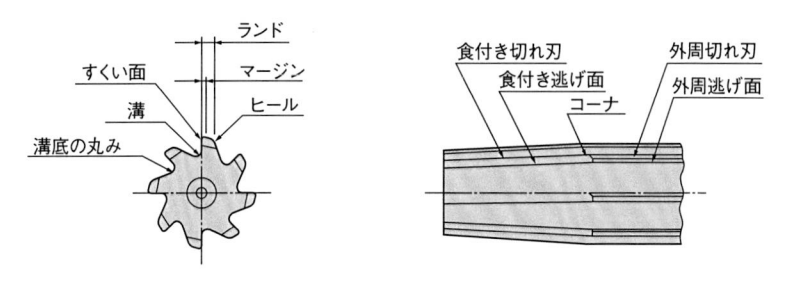

図1　リーマ各部の名称

(2) 食付き角

リーマの先端には、リーマ代の分をくり広げるための**食付き切れ刃**が必要で、リーマの切削は食付き部で行われる。リーマ軸に対するこの食付き切れ刃の傾斜角を**食付き角**と呼ぶ。通常使用される**チャッキングリーマ（マシンリーマ）**の食付き角は45°である。**ハンドリーマ**のように食付き角が1〜3°くらいに特に小さい場合は、これを**食付きテーパ**と呼ぶ。リーマによっては食付き角と食付きテーパの両方が付いている場合（**2段食付き**）もある。

食付いき角が緩くなれば、より安定して精度が得られ、**バニッシング**が強くなる。バニッシングとは、表面の凸凹を潰してなだらかにすることである。食付き角が大きくなれば、穴は拡大傾向になる。食付き角は穴の拡大や面粗さに関係する。

(3) ねじれ

リーマは直刃が基本であり、再研削や寸法管理が容易なので、広く利用されているが、右ねじれと左ねじれもある。右ねじれは切れ味が良く仕上げ面を良くする効果があるが、食込み勝手になり、穴径は拡大する傾向にある。

(4) マージン幅

加工時に寸法精度の安定性と適切なバニッシング作用を得るため、リーマの外周部にわずかな幅の円筒部がある。この部分を**マージン幅**という。リーマは、バックテーパを小さくとり、マージン部でバニッシングし加工面粗さを良くしている。

■ボーリング工具

ボーリングは、あらかじめあけられた下穴を目的の精度（穴径や穴位置、面粗さなど）で仕上げる加工である。

ボーリングバー（**写真1**）を用いて穴加工をする場合、穴径の調整はマシニングセンタの機能では行えない。そこで、ボーリングバーには、カートリッジやマイクロユニットで切れ刃の位置を調整できる構造をもつものが多い。リーマ加工と異なり、1本の工具である範囲の穴径の加工に対応でき、穴の寸法調

その他の穴加工工具

写真1　ボーリングバー

整も可能である。

　ボーリングバーは、びびりが生じやすい工具なので、以下に対策を挙げる。

・ボーリングバーの剛性を上げる。

・ノーズRを小さくする。

・切込み角を大きくする。

・切削速度を下げる。

・送りと切込みをあまり小さくしない。

・2枚刃によってバランスカットを行う。

Ⅱ. 切削工具

工 具 材 種

■工具材料の基本特性

　工具材料の基本特性は、工具材種の選択に不可欠な技術情報である。それらをまとめると次のようになる。
- ・高温において硬さが大きい（**高温硬度特性**）
- ・硬さが高く摩耗に強い（**耐摩耗性**）
- ・機械的衝撃に対して粘り強く、欠けにくい（**高靭性、抗折力、耐欠損性**）
- ・切れ刃が塑性変形を起こしにくい（**耐塑性変形性**）
- ・熱疲労クラックに対する強さがある（**耐き裂性**）
- ・高温における化学的安定性がある（**高温化学安定性**）
- ・切れ刃に切りくずが付着しにくい（**耐溶着性**）

　上記の特性をすべて満足する工具材料はないので、用途に応じて適切な選択をする必要がある。

■工具材料の組成

　工具材料の組成は、切削特性を最も大きく左右する。工具材料の組成は、硬質相を形成する**硬質物質**と、結合相を形成する**結合物質**からなる。表1に、各種工具材料の主要組成と硬質物質の諸特性を示す。

■高速度工具鋼

　高速度工具鋼は、**ハイス**（High Speed Steel の略）の名で知られる合金工具鋼である。それまでの炭素工具鋼や合金工具鋼に比べ高速切削（10〜30 m/min）が可能なことからこの名称が付けられた。

　超硬合金やサーメットのような焼結合金工具が主流になり、切削速度 100 m/min を越す高速・重切削が一般化している今日では、耐熱性・耐摩耗性ともに

表1　各種工具材料の主要組成

工具材料名	硬質物質		結合物質
	主成分	補助成分	
ダイヤモンド焼結体	Diamond	—	Co
cBN焼結体	cBN	—	Co、TiCなど
セラミックス	Al_2O_3、Si_3N_4	TiC、TiN、Mo_2C	—
サーメット	TiC、TiN	WC、TaC、Mo_2C	Ni、Co
コーテッド超硬合金	TiC、TiN、Al_2O_3など		—
超硬合金	WC	TiC、TaC、NbC	
コーテッドハイス	TiN		—
ハイス、粉末ハイス	MC、M_6C		Fe、W、Mo、Cr、Co、V

低く、低速切削用の工具材種に類している。

しかし、超硬合金などの高速切削用工具材種に比べ靭性が高く欠けにくい、刃先形状の成形が容易である、などの特徴があり、エンドミルやドリルなど種々のソリッド工具に高速度工具鋼が使用されている。

▎超硬合金

超硬合金は、炭化タングステン（WC）、炭化チタン（TiC）、炭化タンタル（TaC）などの微粉末をコバルト（Co）を結合材として成形・焼結したものである。超硬合金は、JIS B 4053では、**P種系列**、**M種系列**、**K種系列**の3つに区分している（**表2**）。

表2　超硬合金の分類と特徴

使用分類記号	合成組織	特徴
P種系列	WC-TiC-TaC-Co系	耐摩耗性、耐熱性に優れ、鋼類などの連続した切りくずを出す切削に適する。
M種系列	WC-TiC-TaC-Co系	P系とK系の中間に位置し、耐摩耗性および靭性の両方を兼ね備えている。ステンレスなどの切削に適する。
K種系列	WC-Co系	圧縮厚さ、抗斥力が高く、靭性に優れている。鋳鉄や非鉄金属などの不連続な切りくずを出す切削に適する。

II. 切削工具

表3 被削材と工具材種

	適用被削材	工具材種
P	鋼	P系超硬合金、コーテッド超硬合金、サーメット
M	ステンレス鋼	M系超硬合金、コーテッド超硬合金、サーメット
K	鋳鉄	K系超硬合金、コーテッド超硬合金、サーメット、cBN焼結体
N	非鉄金属	K系超硬合金、超微粒子超硬合金、コーテッド超硬合金、ダイヤモンド焼結体
S	耐熱合金・チタン合金	コーテッド超硬合金、cBN焼結体
H	高硬度鋼	コーテッド超硬合金

　JISでは超硬合金のみ分類しているが、工具メーカーのカタログでは、従来のP、M、Kの分類から、非鉄金属・難削材・高硬度材に対し、N、S、Hの分類を加え細分化して分類されている（**表3**）。また、超硬合金以外の材種に関しても適用している。正面フライスやスローアウェイエンドミル、ボーリングのチップなどのチップ材種の選択の際に活用できる。

　フライス加工は断続切削で食付き時に衝撃を繰り返し受けるため、超硬合金のソリッドエンドミルは、炭化物の粒子を微細にした**超微粒子超硬合金**を使用し、通常の超硬合金より高い靭性を得ている。

▌コーティング

　コーティングは、耐摩耗性、耐熱性、耐溶着性に優れた炭化チタン（TiC）、窒化チタン（TiN）、酸化アルミニウム（Al_2O_3）などを超硬合金またはハイスの表面に被膜した工具材種である。母材のもつ靭性とコーティング層の耐熱・耐摩耗性により、従来の性能に比べ、より高速・重切削が可能な切削工具として広く使用されている。

　現在は、高硬度に適したものや、アルミに適したものなど、様々なコーティングが開発されており、スローアウェイチップもソリッド工具もコーティングしたものが主流である。

■サーメット

　サーメットは、TiC（炭化チタン）に結合材としてNi（ニッケル）やMo（モリブデン）を加えて成形・焼結した工具材種である。超硬合金がWC（炭化タングステン）を主成分とすることから、超硬合金とは別な工具材種として扱われている。現在は、TiCに加えてTaC（炭化タンタル）やTiN（窒化チタン）など熱的安定性の高いものを加えて靭性を強化したものが広く利用されている。

　ソリッド工具への適用はあまりされていないが、スローアウェイチップで使用される。超硬合金と比べて切りくずが溶着しにくく、構成刃先が着きにくいという特徴がある。しかし、超硬合金に比べて、熱伝導率が低く、熱膨張係数が高いため、チッピングや亀裂が起こりやすくなる。

III

工作機械

チェックシート

工作機械		技量水準				スコア
		1	2	3	4	
マシニングセンタ	主軸頭（スピンドルヘッド）の構造について説明できる。					
	主軸の機能と特徴について説明できる。					
	テーブルの機能と特徴、種類について説明できる。					
	サドルの機能と特徴について説明できる。					
	コラムの機能と特徴について説明できる。					
	ベッドの機能と特徴について説明できる。					
	立形マシニングセンタ加工の特徴について説明できる。					
	横形マシニングセンタ加工の特徴について説明できる。					
	切りくずの排出方法について説明できる。					
	チップコンベヤの種類について説明できる。					
	4面取付け具などを利用した多数個段取りについて説明できる。					
	APCの機能と特徴について説明できる。					
	パレットの種類について説明できる。					
	ATCの機能と特徴について説明できる。					
	ツールマガジンの形式について説明できる。					
	ATCアームの機構について説明できる。					
	「Tool to Tool」、「Chip to Chip」について説明できる。					
ツーリングと取付け具	BTタイプとHSKタイプの構造と特徴について説明できる。					
	プルスタッドの機能について説明できる。					
	ツーリングシステムの機能と特徴について説明できる。					
	ツーリングシステムに要求される性質について説明できる。					
	ツールプリセッタの機能と特徴について説明できる。					
	取付け具の種類について説明できる。					
	バイスの機能と特徴について説明できる。					
	取付け具に必要とされる条件について説明できる。					

マシニングセンタの構造と種類

　マシニングセンタは、工作物の段取り替えをすることなく、工具を自動的に交換しながら平面削りや段削りを行う**フライス加工**、穴あけを行う**ドリル加工**、ドリルなどであけた穴を広げて寸法や精度を出す**中ぐり加工（ボーリング加工）**などを連続して行うことができる **NC 制御工作機械**である。

　マシニングセンタには様々なタイプがあるが、必ず次のような装置を備えている。

　①X、Y、Z の 3 軸を基本とし、A、B、C など必要に応じて付加した 3 軸以上の**送り駆動装置**

　②加工の種類に応じた工具を取り付けることができ、かつ回転可能な**主軸装置**

　③自動で工具を交換することができる**自動工具交換装置（ATC）**

　④①～③の動作を制御する **NC 装置**

　⑤自動化のために必要な潤滑、切削油剤供給、切りくず排出などの各種周辺装置

　また、マシニングセンタは、一般に主軸の向きによって**立形マシニングセンタ**と**横形マシニングセンタ**の二つに大別することができる。主軸が垂直のものが立形マシニングセンタ、主軸が水平のものが横形マシニングセンタである。

Ⅲ. 工作機械

立形マシニングセンタ

　立形マシニングセンタでは、テーブルに工作物を取付けることを前提としています。**写真1**に立形マシニングセンタの外観、**写真2**に立形マシニングセンタの構造を示す。

(1) 立形マシニングセンタの構成要素

①**主軸頭（スピンドルヘッド）**

　主軸頭は工作機械部品の一種で、フライス加工を行うための工具を取り付けて回転させる主軸を備えもつ部分のことである。片持ちで主軸が突き出した形状になり、横形より頑丈な構造になっている。

②**テーブル**

　テーブルは、バイスなどの治具・取付け具などを利用して工作物を取り付け

写真1　立形マシニングセンタ外観

る台のことである。テーブル面上にはＴ溝やタップ穴があり、これらを利用して工作物を固定する。テーブルは左右移動しＸ軸を構成する。

③サドル

サドルはテーブルを支える台のことで、ベッド上で前後移動しＹ軸を構成する。

④コラム

コラムは主軸頭を支える柱のことである。小型の立形マシニングセンタでは、ベッドに固定された**固定形コラム**が一般的で、大型の立形マシニングセンタでは、コラムが前後移動する**トラベリング形コラム**が多く採用されている。

⑤ベッド

ベッドはサドルやコラムを支える台のことである。Ｙ軸の送り機構や油圧ユニットが取り付けられる。

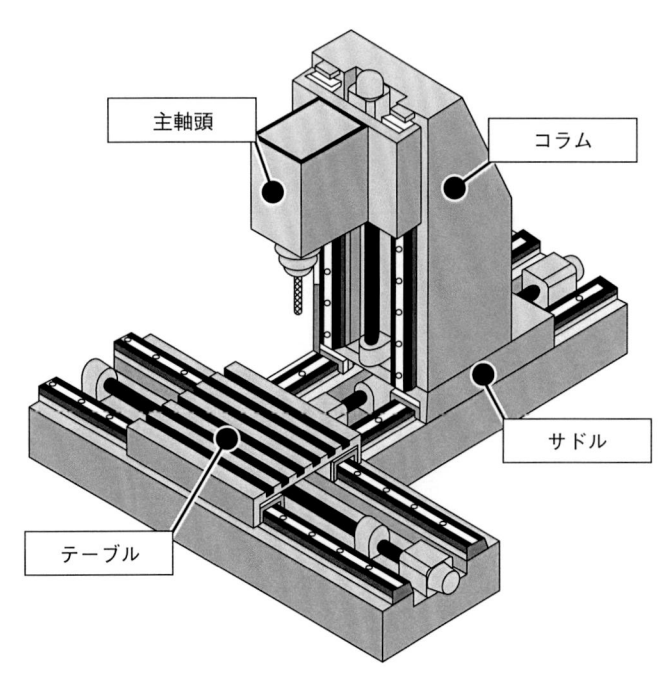

図１　立形マシニングセンタの構造

Ⅲ．工作機械

(2) 立形マシニングセンタ加工の特徴

①加工プログラムの作成が容易

　図面と工作物との相対関係が一致しているため、プログラムが作成しやすくミスが減少する。

②工作物への接近性が良好

　自動化が要求されるマシニングセンタ加工においては、作業者が常時機械の側にいるわけではないので、あまり問題にはならないが、工作物のすぐ近くまで作業者が接近でき、なおかつ、その高さも作業しやすい高さなので、加工状況や工具寿命などを間近で確認することができる。

③安価で設置スペースが小さい

　APC（自動パレット交換装置）がなく、さらに主軸頭がテーブル上部に配置されるため、横形マシニングセンタより設置スペースが小さくでき、安価にもなる。

④切りくずがたまりやすい

　立形マシニングセンタ加工における最大のネックは、切りくずが工作物やテーブル上にたまりやすいことである。切削熱を帯びた切りくずは機械や工作物の熱変形や工具の寿命に影響を及ぼす。

横形マシニングセンタ

横形マシニングセンタは、テーブルが回転する**割出し機能（B軸）**によってボックス形工作物の同一段取りでの多方向からの加工に適している（**写真1**）。

横形マシニングセンタ加工は以下のような特徴をもつ。

①切りくずや切削油剤の排出が容易

加工面が垂直であることや、工作物の上部からの切削油剤の供給により、切りくずのほとんどをチップコンベヤ（切りくず自動搬出装置）に落とすことができるので、熱を帯びた切りくずの機外への排出が容易である。

②4面取付け具などを利用した多数個段取りが可能

テーブルが回転する割出し機能をもっているため、工作物を4面取付け具などに固定することによる多数個段取りで効率的な加工が可能である。

写真1　横形マシニングセンタ

Ⅲ. 工 作 機 械

写真 2 　自動パレット交換装置（APC）

③APC により省力化に対応
　自動パレット交換装置（APC）（写真 2） は、工作物を固定したパレットを工作物と一緒に加工機本体へ搬出入するものである。一方のパレット上での加工をしている間に別のパレット上に次の加工の段取りをしておけば、無駄な時間を省くことができる。通常、パレットは正方形で、上面にはＴ溝やタップ穴があいており、この溝や穴に工作物などを締め付ける。

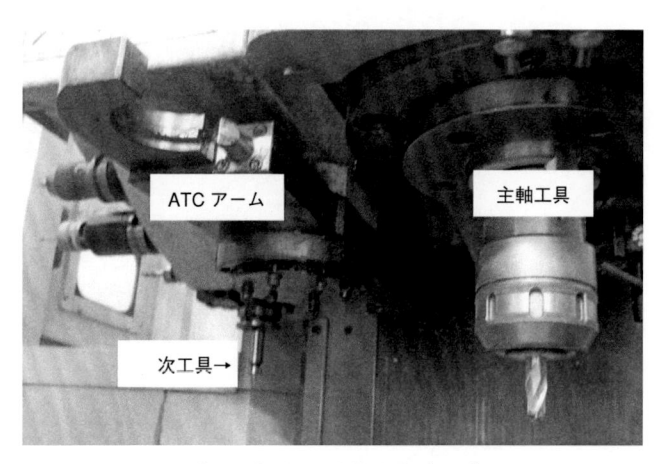

自動工具交換装置

　自動工具交換装置（ATC）（写真1）は、主軸に取り付けられている工具と次の加工で使用される工具とを自動的に交換する装置である。ATCは、多くの工具を収納しNC装置の指令によって指定された工具を交換位置に割り出す**ツールマガジン**と、主軸にある工具と割り出された工具を交換する**ATCアーム**とで構成されている。

　また、マシニングセンタ加工における非切削時間は極力短縮する必要があるので、ATCの速さを表すのに次の2つが規定されている。

・**Tool to Tool**：主軸にある工具が次の工具に交換される動作のみの時間
・**Chip to Chip**：工具が切削を終了し、次の工具が切削を始めるまでの時間

写真1　自動工具交換装置（ATC）

Ⅲ. 工作機械

ツーリングと取付け具

ツールシャンク

　工具をしっかりと保持し主軸に固定するために、**ツールホルダ**と呼ばれる保持具がある。主軸端の形状に応じて、シャンク部が7/24テーパ形の**BTタイプ**と1/10テーパ形の**HSKタイプ**などがある。

　BTタイプ（**写真1**）は、主軸頭のクランプ機構によって**プルスタッド**（ホルダ後端部の出っ張り）（**写真2**）が主軸側に引っ張られ、かつ工具のテーパ

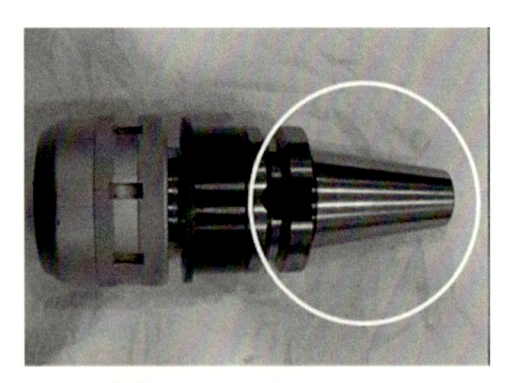

写真1　BTタイプツールシャンク

写真2　プルスタッド

部が主軸穴に密着し、主軸に固定される。クランプ機構は、何十枚もの皿ばねを利用してプルスタッドを後方に引き込む仕組みになっている。そのため、油圧シリンダなどを介したアンクランプ動作を行わない限り工具が抜けることはない。

HSK タイプ（**写真3**）は、高速切削に対応した**2面拘束方式**（**図1**）の一種で、中空形状の 1/10 テーパシャンク部が弾性変形し、主軸穴に密着すると同時にフランジ部も主軸端部に密着する。高速（約 $10,000 \text{ min}^{-1}$ 以上）で主軸を回転させると遠心力によって主軸端が広がってしまい、従来の BT タイプだと軸方向にツールシャンクが引き込まれてしまう。その結果、軸方向の位置決

写真3　HSK タイプツールシャンク

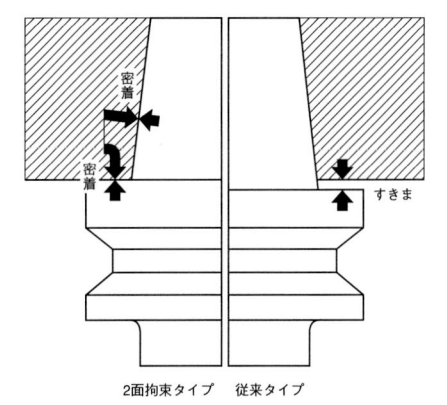

図1　2面拘束タイプと従来タイプ

Ⅲ. 工作機械

め精度が低下したり、主軸にシャンクが食い込んでATCができなくなったりといった不具合が生じていた。このような問題を解決するために、HSKタイプなどの2面拘束方式のツールシャンクの採用が多くなってきている。

■ツーリングシステム

　マシニングセンタ加工をする際、主軸に工具を取り付ける。そのときに使用する**ツールホルダ**や**コレット**などを**ツーリングシステム**（**写真4**）と呼ぶ。

　1台のマシニングセンタでは、数十本の工具が必要である。工具を購入するときには、複数のマシニングセンタ間でのツールシャンクの互換性やツールホ

コレット

ミーリングチャック

写真4　ツーリングシステム

ルダと工具の互換性など十分な注意が必要である。ツールホルダや工具は、メーカーによって機能や形状が異なるものがある。したがって、効率的な工具の運用を行うためには、あらかじめ使用するツールホルダや工具を体系化し、それに適合した工具を選択する必要がある。

ツーリングシステムに要求される性質は、以下のようになっている。

①剛性

切削加工において発生するびびりなどのトラブル現象の原因の一つとして、機械の剛性、ツーリングの剛性、取付け具の剛性、工作物の剛性などの剛性不足が考えられる。剛性不足が原因となるトラブル現象は非常に多く、特にツーリングおよび工具については大部分を占めている。後述の他の性質をある程度犠牲にしてでも対策を取る必要がある。

②求心性

工具の損傷や摩耗などにより工具を交換する。その際に発生する取付け誤差は加工品質に大きな影響を与える。取付け誤差が大きいと、数回のテストカットによる補正が必要になってしまい、大きなタイムロスとなる。これは穴あけ加工用工具に多くみられ、特に注意する必要がある。

③操作性

工具の摩耗や被削材交換に伴う工具およびツーリングの交換、寸法精度の確認など工作機械を停止して行う作業が数多くある。工作機械の停止時間はそのまま稼働率の低下につながる。作業効率を上げるために、ツーリングの迅速な調整や交換が求められる。

■ツールプリセッタ

ツールプリセッタ（**写真5**）は、ツールホルダと工具を組み付けて、加工時に必要な工具長や工具径を加工機外であらかじめ精密に測定する装置である。加工機外で測定を行うことにより、機械の稼働率を下げないメリットがある。最近は、コンピュータを介してネットワーク接続し、従来は手入力であった工具長や工具径、工具寿命、切削条件などの各種工具データ情報を管理し、素早

Ⅲ. 工作機械

写真5　ツールプリセッタ

く正確に加工機に転送することにより、段取り時間の短縮や入力ミスの防止を実現している。

■工作物の取付け具

　マシニングセンタで加工される工作物は様々な形状のものがある。この工作物を切削力によって動いてしまうことがないように各種の取付け具を利用してパレットやテーブル上に固定する。取付け具は、重切削にも耐えられるように確実に固定ができ、なおかつ工作物の着脱が簡単に短時間にできる必要がある。マシニングセンタの特性を最大限発揮させるためには、工作物の取付け方法が非常に重要だと考えられる。

　もっとも一般的な取付け具は**バイス**である。バイスによって工作物を早く確実に取り付けることができる。バイスには、**マシンバイス**（**写真6**）、**油圧バイス**（**写真7**）などがある。締付具を使った取付け方法もあるが、バイスに比べると多少面倒で、作業能率が下がってしまう。しかし、バイスほど工作物寸

写真6　マシンバイス

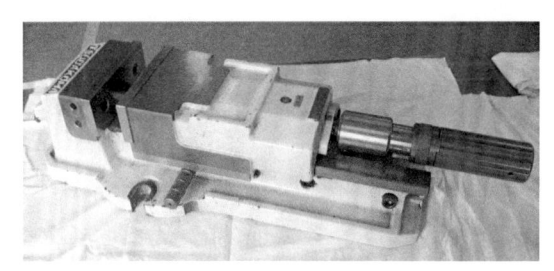

写真7　油圧バイス

法や形状についての制限がないので、よく利用されている。

取付け具はマシニングセンタの稼働率を大きく左右するので、必要とされる条件について十分に検討する必要がある。取付け具に必要とされる条件として以下の事項が挙げられる。

①経済的である。
②位置決めおよび締付けが容易である。
③取付けに熟練を要しない。
④切削力に対する剛性がある。
⑤切りくずの排出と清掃が容易である。
⑥工具やホルダと干渉しない。
⑦共有化や標準化を図れる。
⑧加工途中で測定が可能である。

IV

被 削 材

チェックシート

被削材	技量水準 1	2	3	4	スコア
被削性の定義について説明できる。					
被削性を分類し、それぞれの特徴を説明できる。					
主要合金元素と被削性の関係について説明できる。					
被削性によって工具材種、切れ刃形状を選定できる。					
機械的性質と被削性の関係について説明できる。					
ミルシートの構成について説明できる。					
ミルシートの入手方法について知っている。					
鉄鋼材料の材料記号について基本構成が説明できる。					
非鉄金属の材料記号について基本構成が説明できる。					
世界各国の主要な規格名を知っている。					
JIS基本鋼種と材料メーカーブランド品との対応を知っている。					
鉄鋼材料における化学成分の使用目的・特長について説明できる。					
炭素の重要性について説明できる。					
化学成分と機械的性質の関係について説明できる。					
主要な鉄鋼材料の化学成分の概略を知っている。					
快削鋼について知っている。					
主要なアルミウム合金の化学成分の概略を知っている。					
材料の強さの定義について説明できる。					
引張試験の試験方法を知っている。					
硬さ試験のメカニズムが説明できる。					

チェックシート

被削材	技量水準 1	2	3	4	スコア
主要な金属材料の機械的性質を知っている。					
引張強さと硬さの関係を知っている。					
伸びについて説明できる。					
材料の靭性の定義について説明できる。					
疲労破壊について説明できる。					
疲労破壊における亀裂の進展メカニズムについて説明できる。					
熱伝導率について説明できる。					
切削加工における切削熱の伝わり方を説明できる。					
鋼の熱処理の目的・効果について説明できる。					
鉄―炭素系平衡状態図について説明できる。					
鋼の金属組織について説明できる。					
鋼のCCT曲線について説明できる。					
焼入れ性について説明できる。					
鋼の熱処理条件について知っている。					
焼入れによる割れのメカニズムについて知っている。					
鋼の焼戻しのメカニズムについて説明できる。					
焼なましの必要性について説明できる。					
鋼の表面処理の目的・効果について説明できる。					
浸炭処理のメカニズムについて知っている。					
コーティング膜の特長について説明できる。					

Ⅳ. 被 削 材

被 削 性

　切削加工における削られる材料の削りやすさの性質を**被削性**と呼んでいる。削りやすさの物差しとして一般的に用いられているのが、工具寿命の長短や切りくず処理の容易さ、加工精度・加工表面が良い、などがある。

　切削加工とは、削られる材料がもっている許容応力以上の力を刃物によって与えることで材料の一部を切りくずとして除去する加工方法である。**許容応力**とは、材料を破壊するのに必要最低限な力のことである。

　金属切削では、図1に示すように工具と被削材の間に力が発生し、発生した力の一部が熱に変わる。また、切りくずが工具のすくい面を滑る際の摩擦によっても熱が発生している。このような切削現象が起きている金属切削では、**表1**に示すような被削材は切削が困難であり、**難削材**と呼ばれている。

　被削材を切りくずにするために必要な切削力や、切削力によって発生する熱は、材料を構成している化学成分や熱処理履歴などによって変化する。材料ごとの被削性を知ることによって、経済的な切削や精度（寸法、幾何形状）の高

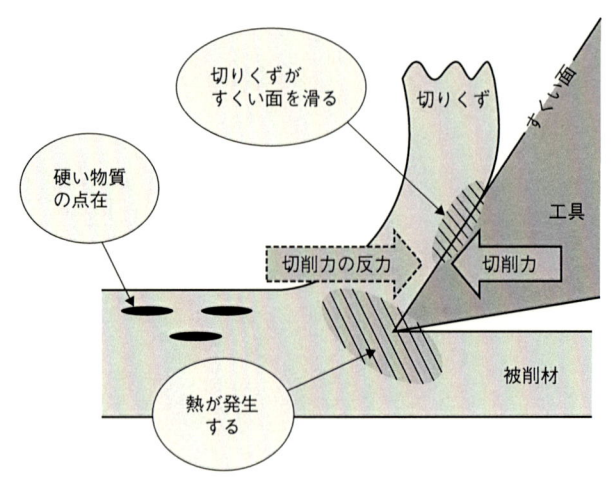

図1　金属材料の切削現象

被　削　性

表1　被削性の分類

切削現象	被削性が悪い材料	工　具	金属材料例
切削力に対する反力の発生	切りくずにするのに多くの切削力が必要	欠損	焼入鋼などの高硬度材
切りくずがすくい面を滑る	溶着が発生し切りくずの流出抵抗が大きい	構成刃先の発生	純アルミなどの軟質材
切削熱の発生	刃先に熱が集中しやすい	塑性変形・摩耗	ステンレス鋼などの耐熱材
	材料中に硬質物質がある	すきとり摩耗	焼入鋼などの高硬度材

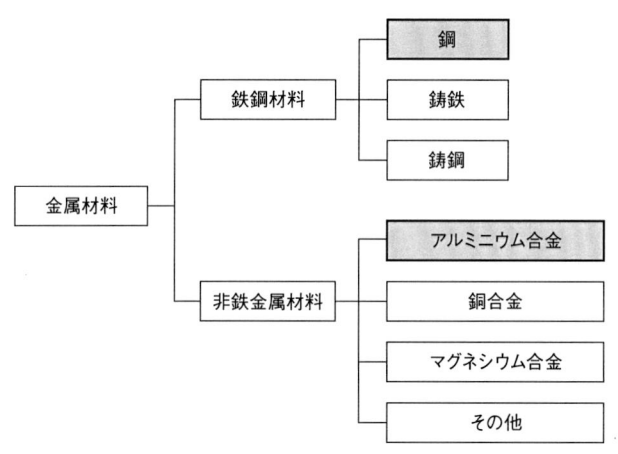

```
金属材料 ─┬─ 鉄鋼材料 ─┬─ 鋼
          │            ├─ 鋳鉄
          │            └─ 鋳鋼
          └─ 非鉄金属材料 ─┬─ アルミニウム合金
                           ├─ 銅合金
                           ├─ マグネシウム合金
                           └─ その他
```

※本章では、太枠の材料について解説する

図2　金属材料の分類

い加工が可能となる。

　本章では、切削加工において削られる材料として代表的な鉄鋼材料ならびに非鉄金属材料（図2）について解説を行う。

Ⅳ. 被 削 材

ミルシートの構成・見方

　ミルシート（図1）と呼ばれる金属材料の検査証明書を見ることで、金属材料の化学成分や機械的性質、熱処理歴を最も効率的に知ることができる。ミルシートは、鉄鋼メーカーが納入先（材料商）に対して発行する検査証明書のことであり、一般的に切削加工ユーザーは材料商などを通して金属材料を購入していることが多いため、材料商に金属材料購入時にミルシートの添付をお願いすることで入手できる。

　金属材料は化学成分によって**機械的性質（引張強さ、硬さ、伸び、熱伝導率）**が大まかに決まり、次に熱処理によって機械的性質が変化する。鉄鋼材料にとって重要な化学成分は**炭素**であり、炭素含有量によってJISにおける鋼種の分類がされている。同じ化学成分の材料であっても熱処理によって硬さや伸びが変化する。

　ミルシートを就職活動のときに書く履歴書と同じと考えると**図2**のように表現できる。

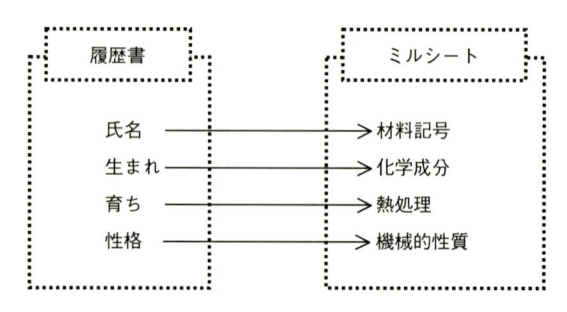

図2　ミルシートと履歴書の関係

ミルシートの構成・見方

検査証明書
Inspection Certificate

成績番号 IR No.				
関名 Messrs				
注文番号 Order No.				

素材	Name of Article 品名	Material 材質	Charge No. チャージ番号	発行年月日 Date of Issue	Condition 納入状態	Quantity 数量
	材料記号	INCONEL ALLOY 718	9V444A	平成15年3月18日	ST	50×110×160 10P

Chemical Composition 化学成分 (%)

項目 Items	C	Si	Mn	P	S	N	Cr	Mo	Cu	Fe	Al	Ti	Nb+Ta	Co	B
規格 Spec. Min.						50.00					0.20	0.65	4.75		
規格 Spec. Max.	0.08	0.35	0.35	0.015	0.015	55.00	化学成分		0.30	BAL	0.80	1.15	5.50	1.00	0.006
成績 Results	0.04	0.04	0.01	0.002	0.001	53.26	18.13	3.09	0.02	BAL	0.50	0.94	4.99	0.03	0.004

Tension Test 引張試験 / Impact Test 衝撃試験 / Hardness 硬さ / Bend Test 曲げ試験 / Heat Treatment 熱処理

項目 Items	降伏点 又は 耐力 Y.P. or (0.2%Y.S.) N/mm²	引張強さ T.S. N/mm²	伸び EL %	絞り R.A. %	形状 Type J/cm² (℃)	機械的性質	HB	Angle	Radius mm	熱処理
規格 Spec. Min.	1,035	1,280	12	15				・		BODY 970℃×2Hr WC
成績 Results	1,108	1,327	28	43			331			970℃×2Hr WC 718℃×8Hr FC 621℃×8Hr AC
							401			TP

Remarks 記事	Type of Specimen 試験片 ASTM A370 φ12.5×50ℓ	Bloom Maker 製鋼メーカー	DAIDO STEEL CO.,LTD.

結果：合格
Results : Acceptable

Condition A : Annealed N : Normalized NT : Normalized & Tempered QT : Quenched & Tempered F : As Forged ST : Solution Treatment AG : Aged SR : Stress Relieved RM : Rough Machined FM : Finished Machined

図1 ミルシート（材料検査証明書）

Ⅳ. 被 削 材

材 料 記 号

JIS（日本工業規格） には、それぞれの材料ごとに**材料記号**が規定されており、アルファベットと数字の組合せで表現されている。一つひとつの文字に意味をもたせることにより、材料記号を見ただけでどのような性質の材料であるかがわかるようになっている。

図1にJISの代表的な鋼種の材料記号について示す。また、鉄鋼材料として**機械構造用鋼**（図2）と、非鉄金属材料として**アルミニウム合金**（図3）の材料記号について詳細を示す。材料記号は、各国または団体や協会などによって異なるため、国際競争が進む今日では各国の規格とJIS規格の材料記号を対照させて知っていることが必要である（表1）。

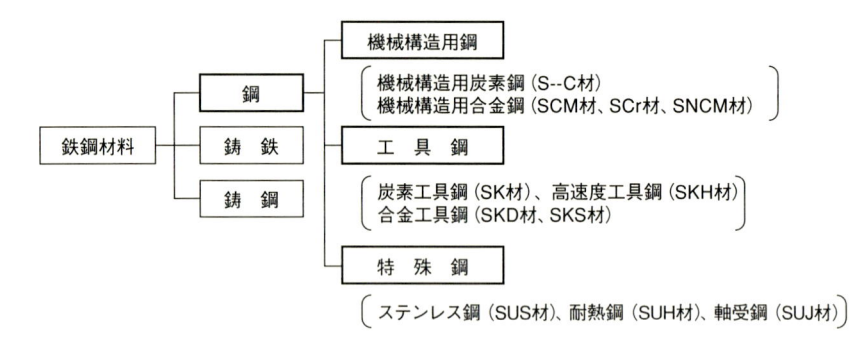

```
                        ┌ 機械構造用鋼
                        │   ┌ 機械構造用炭素鋼（S--C材）
                        │   └ 機械構造用合金鋼（SCM材、SCr材、SNCM材）
            ┌ 鋼 ──────┤
            │           │ 工 具 鋼
鉄鋼材料 ───┤ 鋳 鉄     │   ┌ 炭素工具鋼（SK材）、高速度工具鋼（SKH材）
            │ 鋳 鋼     │   └ 合金工具鋼（SKD材、SKS材）
            │           │
            │           └ 特 殊 鋼
                              ┌ ステンレス鋼（SUS材）、耐熱鋼（SUH材）、軸受鋼（SUJ材）
```

図1　主な鉄鋼材料の材料記号

表1　主要な世界各国の規格と材料記号

種類	略称	規格名称	材料記号例	
国際規格	ISO	国際標準化機構	34 Cr 4	AlCu 4 SiMg
国家規格	JIS	日本	SCr 430	A 2017
	ANSI	アメリカ合衆国		
	DIN	ドイツ	34 Cr 4	AlCuSiMn
団体規格	ASTM	米国材料試験協会		2014
	AISI	米国鉄鋼協会	5130	
	SAE	米国自動車技術会	5130	

― 114 ―

材料記号

機械構造用鋼の基本原則

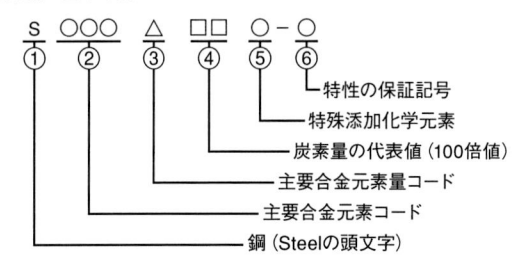

```
S ○○○ △ □□ ○-○
① ②  ③ ④  ⑤ ⑥
```

- ⑥ 特性の保証記号
- ⑤ 特殊添加化学元素
- ④ 炭素量の代表値（100倍値）
- ③ 主要合金元素量コード
- ② 主要合金元素コード
- ① 鋼（Steelの頭文字）

材料記号	JIS名称	基本原則との対応					
		①	②	③	④	⑤	⑥
S45CL	機械構造用炭素鋼材	S			45C (0.45％C)		L (鉛快削鋼)
SCr415H	機械構造用合金鋼材 （クロム鋼）	S	Cr （クロム）	4	15 (0.15％C)	―	H (焼入性保証)
SCM822	機械構造用合金鋼材 （クロムモリブデン鋼）	S	CM （クロム・モリブデン）	8	22 (0.22％C)		

図2　機械構造用鋼の材料記号

アルミニウム合金（展伸材）の基本原則

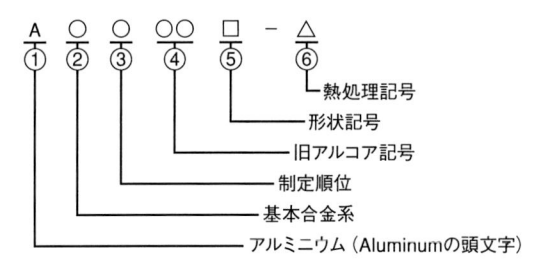

```
A ○ ○ ○○ □-△
① ② ③ ④  ⑤ ⑥
```

- ⑥ 熱処理記号
- ⑤ 形状記号
- ④ 旧アルコア記号
- ③ 制定順位
- ② 基本合金系
- ① アルミニウム（Aluminumの頭文字）

JIS記号	JIS名称	基本原則との対応					
		①	②	③	④	⑤	⑥
A2017P-T4	Al-Cu-Mg 系合金	A	2 (Al-Cu-Mg)	0 (基本合金)	17	P (板材)	T4 (溶体化処理後 自然時効材)
A5154BD-O	Al-Cu-Mg 系合金	A	5 (Al-Mg)	1 (基本合金の改良形)	54	BD (引抜棒)	O (焼なまし材)

図3　アルミニウム合金の材料記号

Ⅳ. 被削材

鉄鋼材料の化学成分

　鋼とは、鉄（Fe）の中に炭素（C）を 0.05～2.1% 含んだものである。鋼にとって一番重要な元素が炭素であり、熱処理による硬さの変化は炭素量によって決まる（図1）。

　炭素以外の鋼に含まれる元素として、**ケイ素(Si)**、**マンガン(Mn)**、**リン(P)**、**硫黄(S)** がある。それぞれの元素が含有量によって機械的性質や熱処理性、被削性などに変化を与える。この5つの元素をおおまかに分けると、C、Si、Mn は機械的性質を向上させる元素である。一方、P、S は **有害元素** と呼ばれ、含有量が多くなると鋼を脆くする。**表1** に代表的な JIS 鋼種の化学成分量と化学成分が鉄鋼材料に及ぼす影響を示す。一方、鉄鋼材料を脆くする硫黄（S）は、切削加工する上では快削成分となるため、材料の機械的性質とのバランスを考え硫黄の含有率を高めた材料が **快削鋼** として規格化されている。

　次に、**図2** に JIS 鋼種で金型に使用される材料を例に、化学成分の添加の影響について解説する。金型材料は、強い加工力に耐えられる性質が求められるため、材料の性質として硬さや耐摩耗性などが必要である。金型材料の多くは熱処理を行うことで硬さを上げていることが多く、図1に示したように炭素（C）を増加させることで硬さを上げている。焼入れ時に焼入れによる硬化の

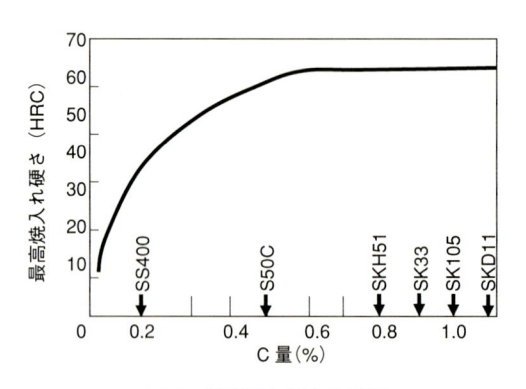

図1　炭素量と硬さの関係

深度を深くする目的や、焼戻しによる硬さの低下を防ぐために加える元素として、マンガン(Mn)、モリブデン(Mo)、クロム(Cr)、などを添加している。タングステン（W）、バナジウム（V）は、炭素（C）と結びつき炭化物を形成するため、金型の耐摩耗性が向上する。

表1　鉄鋼材料の化学成分量と化学成分の主な役割

鋼　種	化学成分（％）							
	C	Si	Mn	P	S	Ni	Cr	Mo
S 45 C	0.42〜0.48	0.15〜0.35	0.60〜0.90	0.030以下	0.035以下			
SCr 430	0.28〜0.33	0.15〜0.35	0.60〜0.90	0.030以下	0.030以下	0.25以下	0.90〜1.20	
SCM 415	0.13〜0.18	0.15〜0.35	0.60〜0.90	0.030以下	0.030以下	0.25以下	0.90〜1.20	0.15〜0.25
SK 105	1.00〜1.10	0.10〜0.35	0.10〜0.50	0.030以下	0.030以下			

C：増加に伴い硬さや焼入性が増大する
Si：圧延時の妨げになるため 0.35％ 以下に抑える
Mn：1.5％ 程度までなら引張強さ、靭性を向上させる
P：低温使用時の材料を脆くするため一般的に 0.03％ 以下に抑えている
S：高温使用時の材料を脆くするため一般的に 0.035％ 以下に抑えている
Ni：低温使用時の材料の靭性を向上させる
Cr：焼入性、耐摩耗性を向上させる　　　Mo：焼入性を向上させる

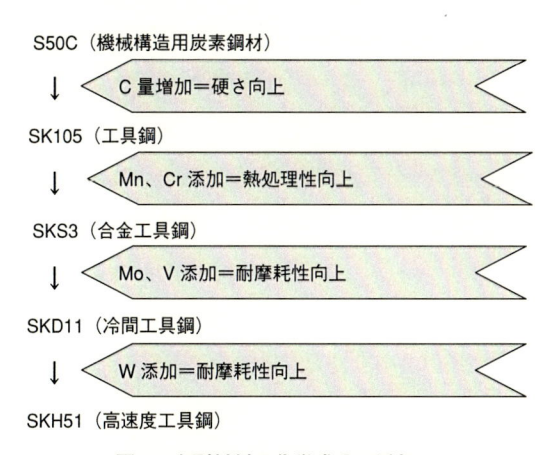

S50C（機械構造用炭素鋼材）
↓　＜ C 量増加＝硬さ向上 ＞
SK105（工具鋼）
↓　＜ Mn、Cr 添加＝熱処理性向上 ＞
SKS3（合金工具鋼）
↓　＜ Mo、V 添加＝耐摩耗性向上 ＞
SKD11（冷間工具鋼）
↓　＜ W 添加＝耐摩耗性向上 ＞
SKH51（高速度工具鋼）

図2　金型材料の化学成分の添加

IV. 被削材

材料特性

　機械材料には必ず使用目的があり、その目的を達成するのに必要な機能・性能が材料に求められる。機械装置を例に挙げると、機械装置の構造材料には装置を支えるのに十分な**強度（引張強さ、曲げ強さ、ねじり強さ）**が求められる。機械装置の軸や歯車には強度と、割れや欠けなどに耐えられる**靭性（衝撃強さ、伸び）**が求められる。また、水や薬品などの金属を腐食させる環境下で使用する装置であれば、**耐食性**が求められる。このような機械材料に求められる機能を各種試験によって定量化したものが**材料特性**（機械的、熱的、化学的、電気的）である。

■ヤング率・引張強さ

　「被削性」の節で述べたように、切削加工とは、削られる材料がもっている許容応力以上の力を刃物によって与えることで材料の一部を切りくずとして除去する加工方法である。この材料がもっている許容応力は、一般的に機械的性質の**引張強さ**に相当する。引張強さを求めるためには、材料に応力をかけ変形量や破壊する様子を観察することで知ることができる。

　図1は材料に引張応力を加えたときのひずみとの関係を示したものである。図1の**塑性領域**（応力を除去しても変形が残る領域）での材料の強さを表す指標が**降伏応力**や**引張強さ**であり、それらが大きいほど塑性変形や破断しない材料と言える。引張強さが大きい材料ほど図1に示す切削力の反力が大きくなるため、多くの切削力が必要となり「**被削性が悪い材料**」といえる。このような引張強さが大きい材料の切削において、大きな切削力を与えると切削工具の摩耗や欠けが早期に発生するため、切削工具のもっている許容応力以内の切削力を与えて切削することが必要となる。

　一方、図1の**弾性領域**（応力を除去すれば変形が戻る領域）で、材料の変形のしにくさを表す指標が**ヤング率**である。ヤング率は、**応力**（単位面積当たり

材料特性

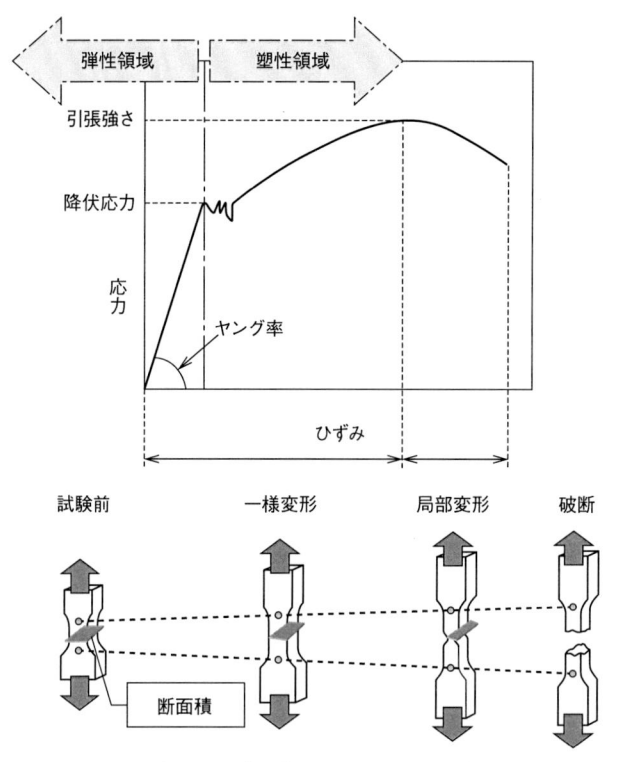

図1 応力-ひずみ線図と引張試験片の変化

にかかる力）を**ひずみ**（変形量）で除したものであり、弾性領域内では一定の比例関係にある。引張強さや降伏応力は熱処理によって変化するが、ヤング率は材料固有の値（鉄鋼材料であれば約 200 GPa）であり熱処理によって変化しない。図2に示す応力-ひずみ線図における弾性領域での軟鋼と焼入れ鋼の線の傾き（角度）は同じになる。

■伸び

図2においてアルミニウムのように試験片が破断するまでにひずみが大きい材料は、**伸び**が大きい材料であり、切りくずが切削工具のすくい面を滑る際に溶着が発生しやすい材料である。このような材料の切削加工では、潤滑性の高

Ⅳ. 被削材

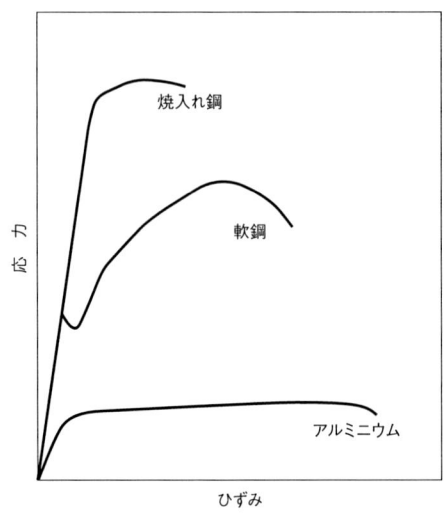

図2　材料別の応力ーひずみ線図

い切削油剤を使用して溶着を防いでいる。

▍硬　さ

　材料を押さえてへこまない度合いや、引っかいて傷がつかない度合いを数値化したものが**硬さ**である。

　図3に代表的な硬さ試験の試験方法について示す。図3に示した硬さ試験のメカニズムは、圧子を試験荷重で押し込み、圧子によってできたくぼみの大きさや深さによって硬さを求めている。硬さ試験は、それぞれの試験によって測定できる硬さの範囲が決まっており、**ブリネル硬さ試験**は軟質材、**ロックウエル硬さ試験**は硬質材、**ビッカース硬さ試験**は軟質材から硬質材まで測定可能である。

　図4に示すように、硬さは引張強さと近似的関係にあるため、硬さを測定すれば引張強さを推定することができる。

▍衝撃強さ・靭性

　材料に衝撃的な力を加えたときの衝撃に対する抵抗値を**衝撃強さ**という。**靭**

材料特性

図3 各種硬さ試験

図4 硬さと引張り強さの関係

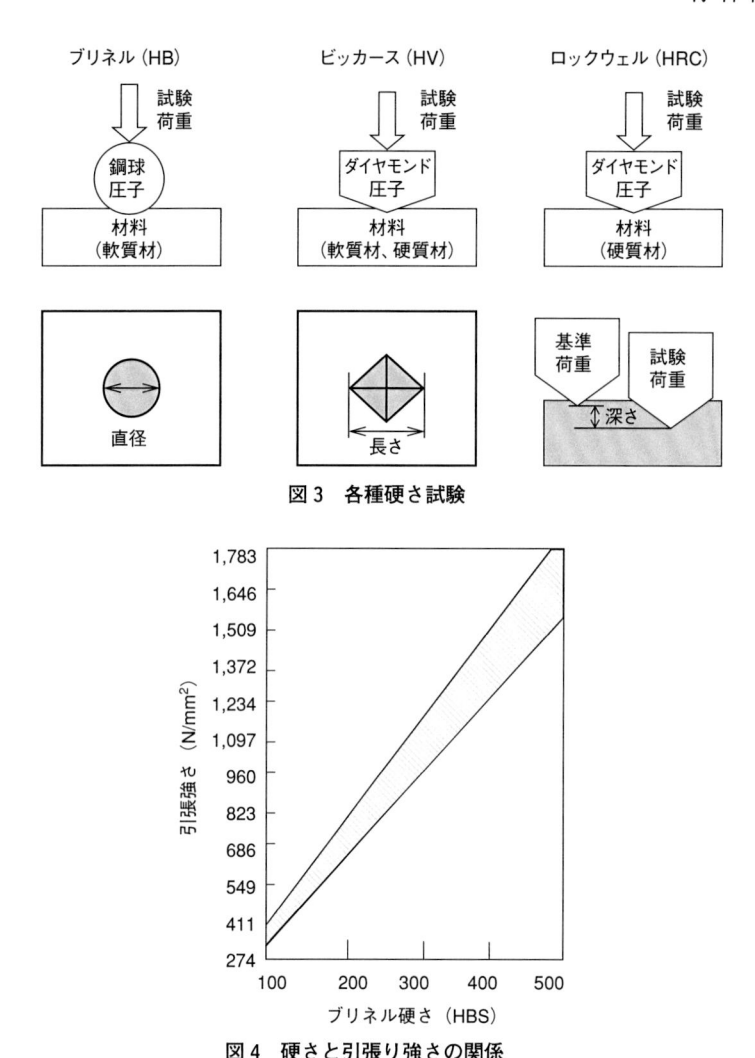

性を表す代表値として用いられ、硬さと相反する性質である。一般的に「**靭性がある材料**」とは、強さと伸び（ねばさ）が両立している材料のことであり、図5に示す応力－ひずみ線図にて、線の背が高く（引張強さが大きい）、線が右に伸びている（伸びが大きい）材料である。

引張強さだけが大きい材料は、硬いが反面、脆い材料であるため切削加工で

Ⅳ. 被 削 材

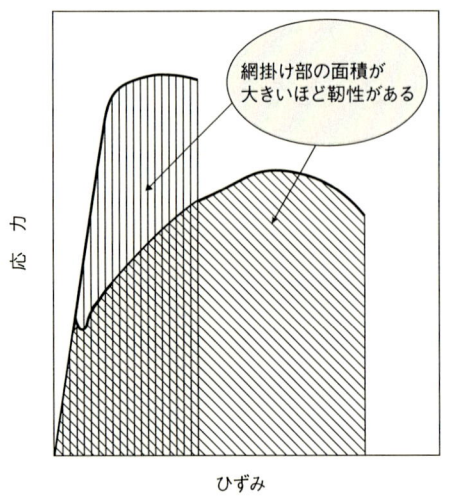

図5 応力-ひずみ線図における靭性の定義

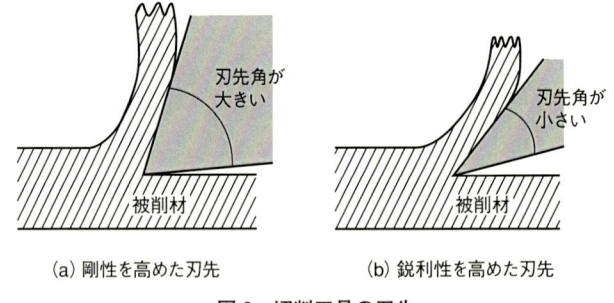

（網掛け部の面積が大きいほど靭性がある）

(a) 剛性を高めた刃先　　(b) 鋭利性を高めた刃先

図6 切削工具の刃先

は切削力に反する力に耐えられるだけの剛性を切削工具にもたせることで切削を行うことができる〔図6(a)〕。しかし、引張強さが大きく、かつ伸びも大きい材料は、切削工具に剛性と鋭利さの両方が求められるため、使用できる切削工具や切削条件の適用範囲が狭くなるため、切削が難しい材料である。

▌疲労強度

疲労強度とは、材料に引張り強さ以下の小さな力が繰返し働くことで破壊が発生する現象（**疲労破壊**）に対する強さを表す値である。世の中の機械・構造

材料特性

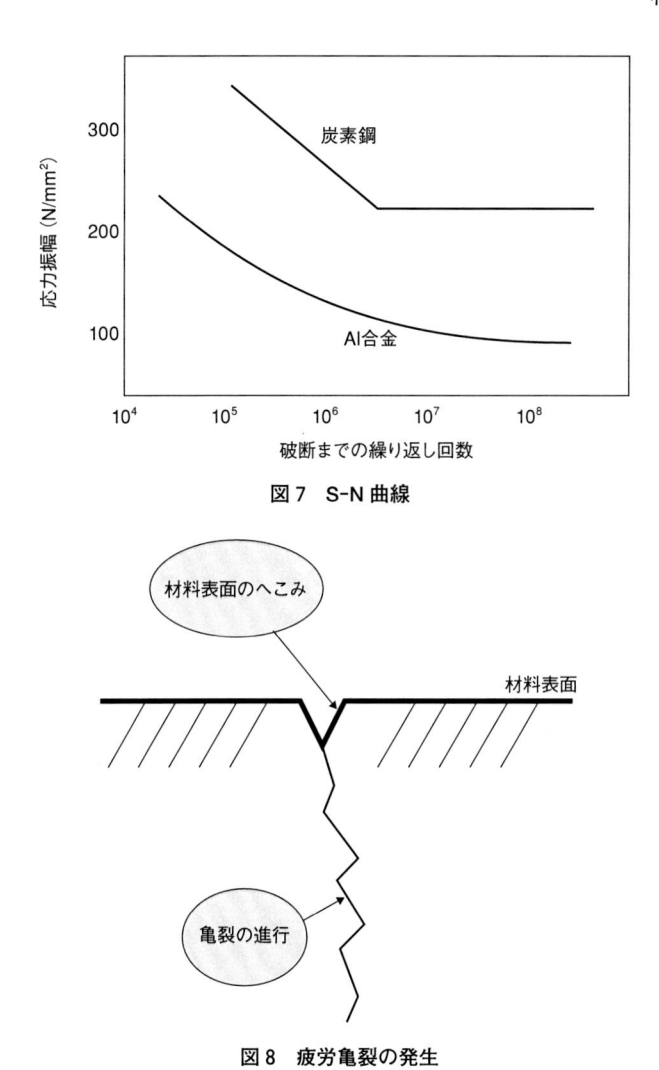

図7　S-N曲線

図8　疲労亀裂の発生

物の破壊原因の7割が疲労現象によるものであるともいわれている。

　この疲労強度を調べるために行われる**疲労試験**とは、材料にある一定幅の振幅荷重を与え破壊までの振幅回数を調べる試験である。**図7**に疲労試験結果として用いられているS-N曲線を示す。図7に示すように炭素鋼の場合は、250 MPa程度で曲線が水平となり、250 MPa以下の応力振幅では疲労破壊が起こ

Ⅳ. 被 削 材

りにくくなる。

　また、疲労による破壊は、材料表面のへこみなどを起点として材料内部に亀裂が進展し破壊に至る（図8）。この起点となるへこみの有無によって疲労による破壊が起こるかどうかが大きく変わる。

▍熱伝導率

　熱伝導率とは、材料の熱の伝わりやすさを数値化したものである。

　切削加工では、熱の発生源が**図9**に示すように刃先に集中している。刃先で発生した熱は、切りくずと切削工具、被削材の3方向に伝わる。切削熱の伝わる割合は、7割程度は切りくずと共に外部に放出され、残り3割程度が刃先と被削材に伝わる。

　熱伝導率が悪い材料の代表鋼種として**ステンレス鋼**が挙げられる。ステンレス鋼の熱伝導率は炭素鋼の約1／3程度である。ステンレス鋼の切削では、刃先で発生した熱が分散しにくいため、刃先が常に高温な状態となる。その結果、切削工具の軟化に伴う塑性変形や摩耗が発生する。

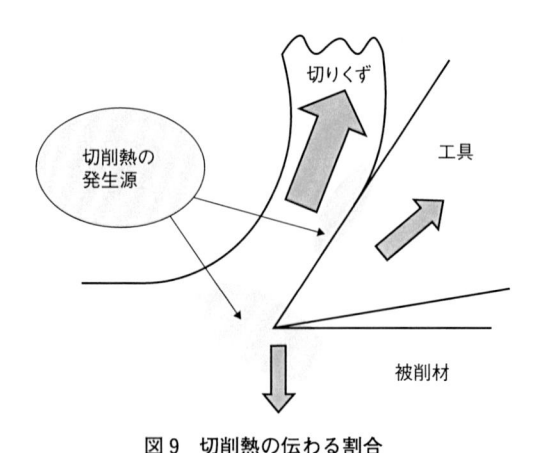

図9　切削熱の伝わる割合

鋼 の 熱 処 理

熱処理とは、金属材料を加熱・冷却することで機械的性質を変化させることである。熱処理には次に示す種類があり、処理の違いは加熱温度や冷却速度により、特に冷やし方の違いによって機械的性質が変わる（**図1**）。

① **焼入れ**：硬くする
② **焼戻し**：靱性を高める
③ **焼なまし**：軟らかくする
④ **焼ならし**：標準化

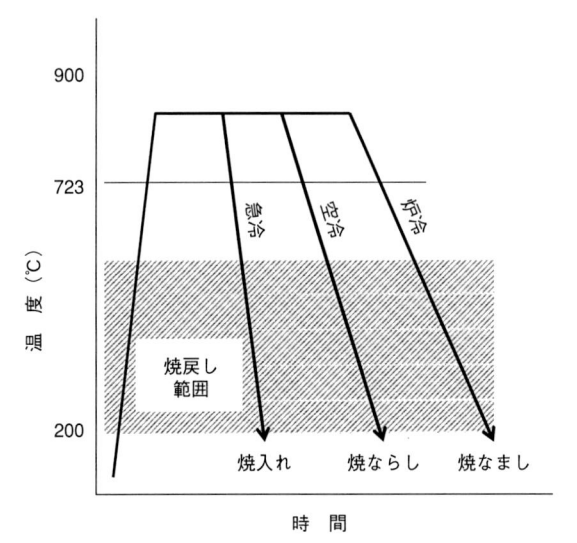

図1　熱処理方法

■鉄－炭素系平衡状態図

熱処理によって鉄鋼の機械的性質が変化することを理解するために最も重要となるのが、**図2**に示す**鉄－炭素系平衡状態図**である。鉄－炭素系平衡状態図とは、鉄に炭素を添加し炭素濃度と温度を変化させたときの金属の状態を観察し、同じ状態が存在する範囲を図式化したものである。鉄－炭素の合金では、

Ⅳ. 被　削　材

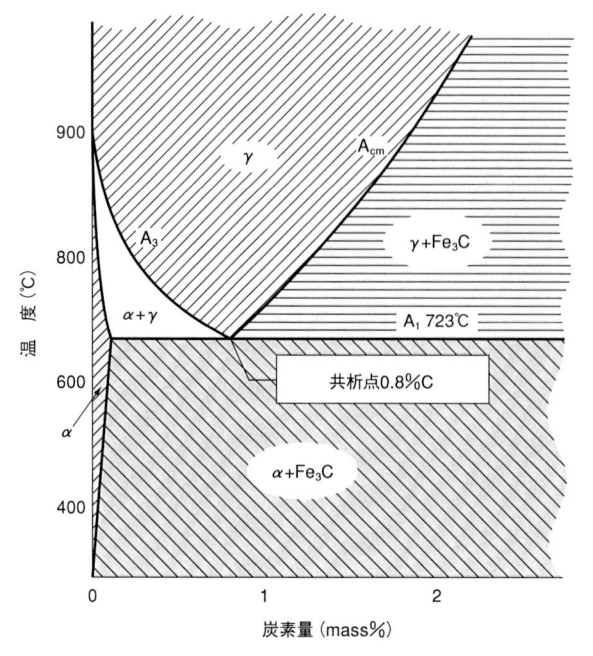

図2　鉄－炭素合金平衡状態図

表1　鉄鋼の組織

組織の名称	相表示	硬さ
フェライト	α	50 HB
オーステナイト	γ	－
セメンタイト	Fe_3C	1200 HV
パーライト	$\alpha + Fe_3C$	200 HV
マルテンサイト	α（C）	800 HV

表1に示すような状態（組織）がある。

　焼入れとは、図2のγ（オーステナイト）領域まで材料を加熱し、その後、急冷することで鉄鋼を硬くする熱処理である。鉄鋼を焼入れするときは、炭素含有量が分かれば加熱温度を図2から求めることができる。例えば、JISの基本鋼種であるS45Cは、炭素含有量が0.45％Cであるためオーステナイトまでの加熱温度は約780℃以上であることが分かる。

鋼の熱処理

図3　各種熱処理の加熱温度指針

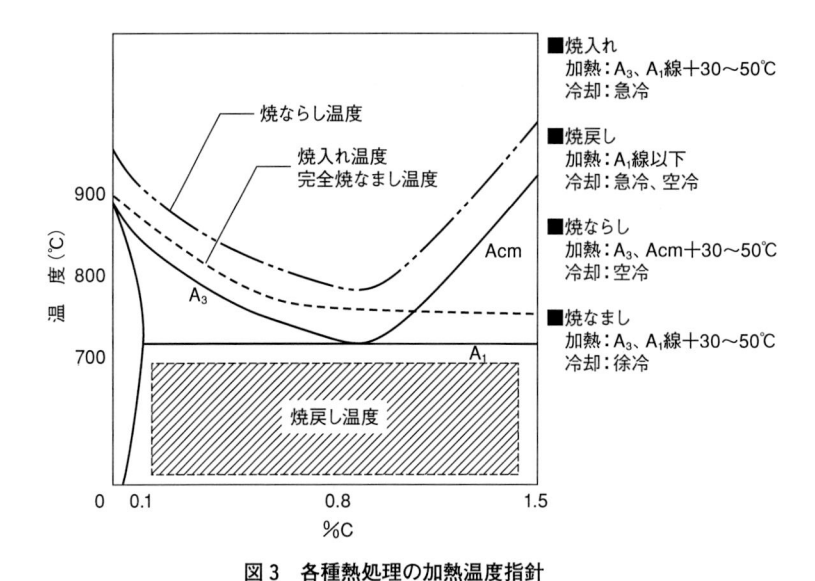

図3に各種熱処理の加熱温度指針を示す。

連続冷却変態曲線

　図2に示した鉄−炭素平衡状態図は、ゆっくりと鉄鋼を加熱・冷却したときの状態を観察したものであるため、焼入れ処理で行う急冷したときの状態は表現されていない。前述したとおり焼入れ処理の加熱温度を状態図から知ることができても、冷却速度が分からなければ焼入れ処理を行えない。

　そこで、**図4**に示す**CCT曲線（連続冷却変態曲線）**から冷却方法を知ることができる。

　CCT曲線とは、オーステナイト温度に加熱した鉄鋼を、ある一定スピードの冷却速度（℃/s）で連続的に冷却したときの鉄鋼の状態（組織）を表したものである。オーステナイト状態に加熱した鉄鋼を図4の②のような冷却速度で冷却すると、②の冷却線はまずパーライト開始（Ps）線と交差（600℃、10 sec）しパーライト変態する。その後、マルテンサイト開始線(Ms)線と交差(220℃、1 min)しマルテンサイト変態するため、常温で見られる組織はパーライトと

Ⅳ. 被削材

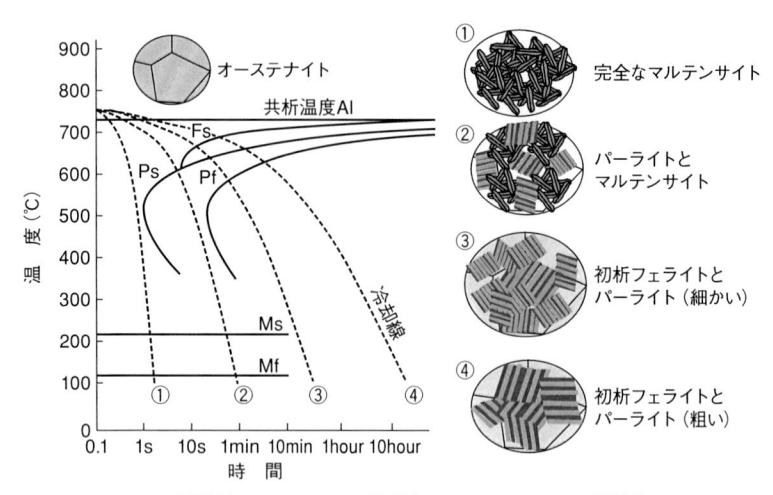

図4 CCT曲線と金属組織（0.8％C以下の鋼）

Ps：パーライト開始線、Pf：パーライト終了線、Ms：マルテンサイト開始線
Mf：マルテンサイト終了線、Fs：フェライト開始線

マルテンサイトの混合組織となる。焼入れ処理で①に示すような冷却速度で冷却すると完全なマルテンサイト組織となり鉄鋼は硬くなる。

焼入性の改善

　大きな材料の熱処理では、冷却時に材料内部に温度差が発生するため、先に冷えた表面部はマルテンサイト組織になり硬くなるが、遅く冷えた中心部はマルテンサイト組織にならず硬くならないことがある。焼入れによって材料表面から中心に向かって硬さの低下が少ない材料ほど「**焼入性が良い材料**」といえる。一般的に焼入性を高めるためにマンガン（Mn）、モリブデン（Mo）、クロム（Cr）、などの合金元素を炭素鋼に添加している。焼入性を向上させるための合金元素は、焼入れ硬さには影響せず、焼入れによって硬度が上がるかどうかは炭素によって決まる。

　焼入性の良い材料は、前述のCCT曲線のPsまでの時間が長くなるため、大きな材料でも材料中心まで硬くすることができる（図5）。JIS基本鋼種のSKD11（冷間工具鋼）は、Ps線が大きく右にずれているため加熱後、冷却速度が

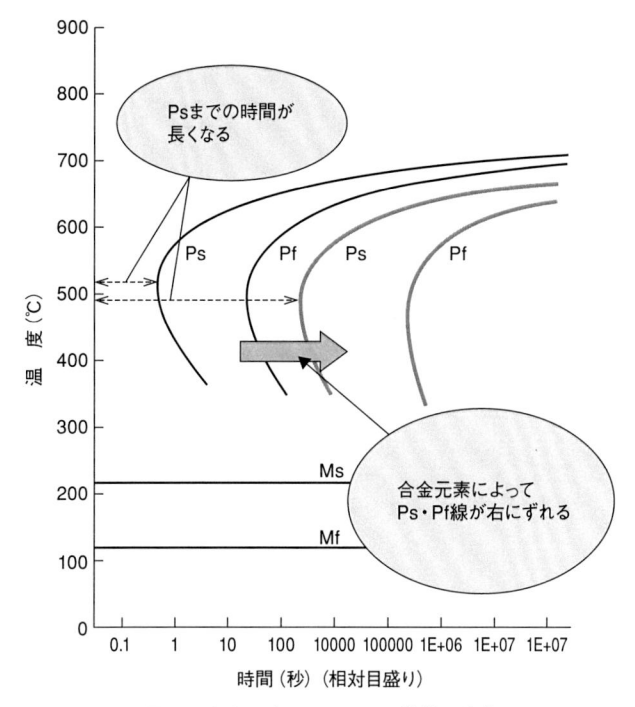

図5　合金元素によるCCT曲線の変化

遅い空冷でも焼きが入り硬くなる。

▍焼割れのメカニズム

焼割れとは、焼入れ処理時（冷却中または冷却後）に材料が割れる現象をいう。

　焼入れ処理時に加熱された材料は膨張し、その後、冷却によって収縮するため材料内部に熱応力が発生する。また、マルテンサイト変態時に材料は膨張変態を起こすため、焼入れ冷却時には熱応力とマルテンサイト変態による膨張変態が重なり大きな応力が発生する（図6）。この内部応力が材料の引張強さより大きくなると材料は割れる。

　焼割れを防ぐためには、材料形状が急激に変わらないように均一な形状にし、冷却ムラを生じにくくすることである。また、冷却能力が高い冷却方法ほど冷

Ⅳ. 被削材

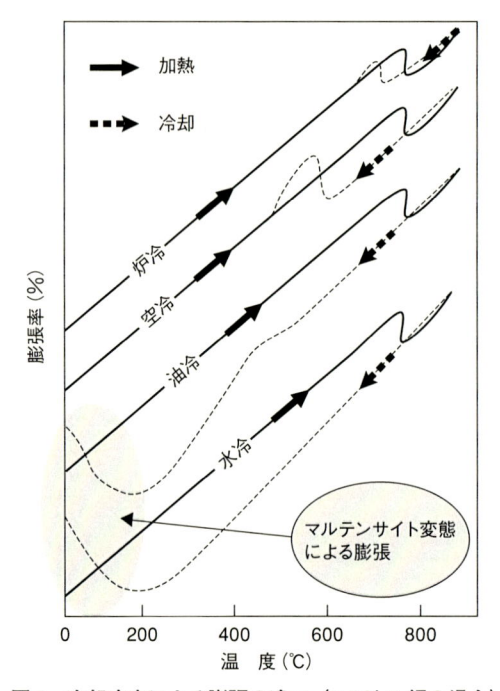

図6 冷却速度による膨張の違い（0.8% C 鋼の場合）

却ムラが生じやすいため、前述した焼入性が良い合金元素を添加した材料を選定し、ゆっくりとした冷却でもマルテンサイト変態する材料を選択することが大切である。また、材料表面にキズやむしれなどが生じていると、そのキズやむしれの部分が破壊の起点になり、焼割れが生じるため焼入れ前の材料表面はなるべく平滑に加工しておくことが大切である。

▎鉄鋼の耐摩耗性向上

耐摩耗性向上には炭化物が重要な働きをする（図7）。炭化物がセメントの中の石ころのような役目をし、耐摩耗性を向上させる。炭化物を形成するには、C を 0.5% 以上含有させたり、合金元素を添加する。

このような炭化物が存在する材料は、切削加工では切削工具をすきとり摩耗させるため難削材といえる。また、炭化物が粗大な状態で存在していたり、一

鋼の熱処理

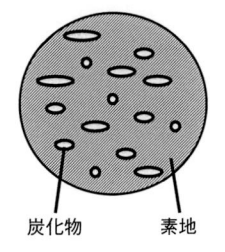

炭化物	硬さ (HV)	代表対象鋼
Fe_3C	1,200〜1,500	SK105
Mo_2C	1,800〜3,000	SKH51
Cr_7C_3	2,100〜2,700	SKD11
VC	2,400〜3,200	SKH57

図7　素地と炭化物

部に偏析していると、切削工具が欠けることがある。

■鉄鋼の靭性向上

焼戻しには**低温焼戻し**（150〜200℃）と**高温焼戻し**（500〜600℃）がある。**低温焼戻し**は、焼入れによって素地に溶け込んだCを吐き出すことで、内部にあるストレスを取り、材料を靭性化させている。**高温焼戻し**は、Cを吐き出させ、吐き出したCと合金元素（W、Cr、V、Mo）が炭化物を形成する。そのため素地は靭性に富み、炭化物によって耐摩耗性がある材料となる（**図8**）。

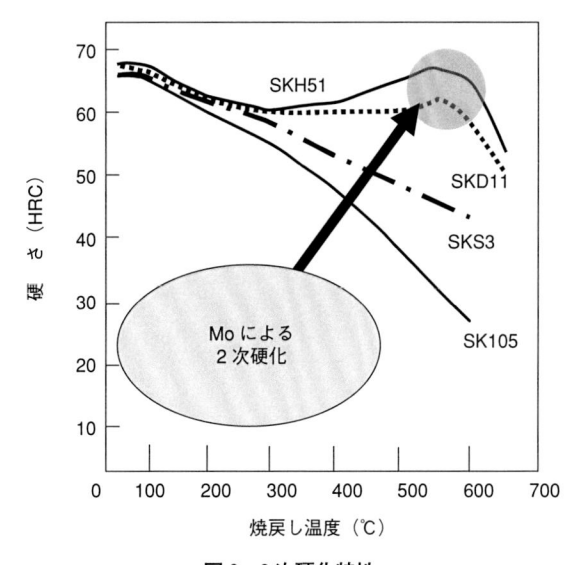

図8　2次硬化特性

Ⅳ. 被削材

▎焼なましによるひずみ取り

　圧延されたままの材料は圧延時の加工ひずみが残っているため、切削加工にて材料の一部を除去することでひずみが開放され、材料が変形することがある。圧延時のひずみを取るのに**焼なまし**処理が行われる（**図9**）。

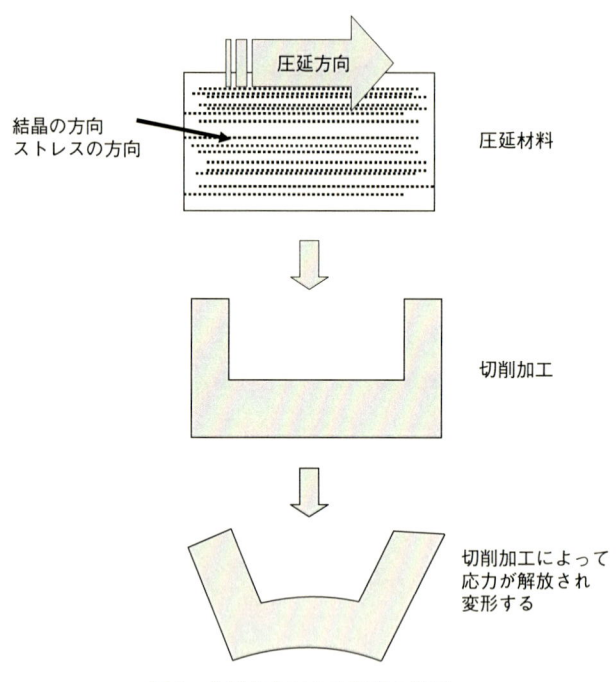

図9　内部応力による材料の変形

鋼の表面処理

表面処理とは、材料の表面に新たな性質を加えるための作業である。

表面処理における改質現象は、大きく分けると図1のようになる。一つは材料表面を異なる物質で覆う**被覆処理**であり、もう一つは、材料表面のみを焼入れする方法や、材料表面に元素（C、N、V）を**拡散浸透**させる方法である。

金属材料には、耐摩耗性の向上を目的として硬質物質の被膜や表面の硬質化（**焼入れ**）が行われる。また、焼付き防止、潤滑油レスを目的に、表面に摩擦係数を小さくする物質を被膜させている。

拡散処理には、図2に示すような**浸炭処理**があり、低炭素鋼材料の表面に炭素（C）を沁み込ませ、表面のみを高炭素にして焼入れ処理することで、表面は硬く芯部は靭性を残した材料にできる。

図3は **PVD（物理蒸着法）** の概念図であり、金属・非金属材料を蒸発させ、基板上に硬質膜や低摩擦膜を形成する方法である。

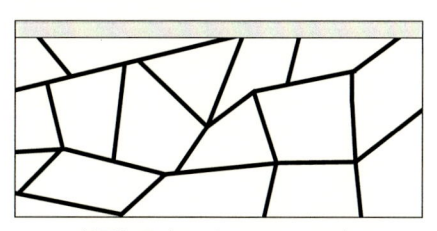

被覆処理（めっき、PVD、CVD）

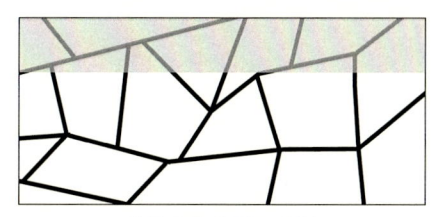

拡散浸透（浸炭、窒化）

図1 表面処理の概念図

Ⅳ. 被削材

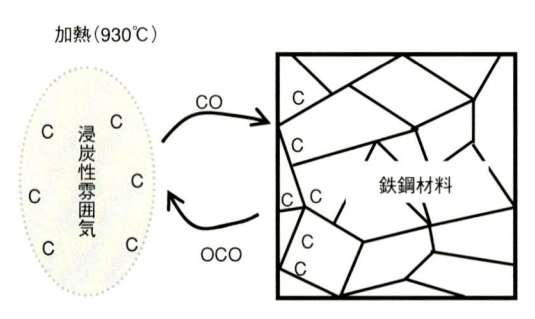

図2 浸炭処理の概念図

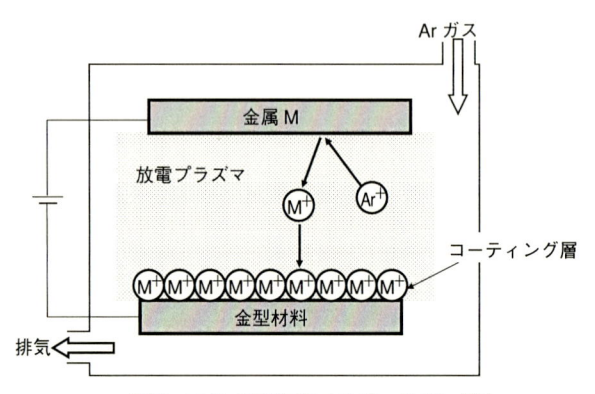

図3 PVDの概念図（スパッタリング法）

V

加工の準備

チェックシート

加工の準備	技量水準				スコア
	1	2	3	4	
素材から完成品までの製造工程の流れを説明できる。					
マシニングセンタによる作業項目を検討できる。					
図面から加工の難易度を判断できる。					
製品に求められる要求仕様について説明できる。					
図面からワークサイズと加工範囲を説明できる。					
各種加工法の加工面の特徴と加工精度を説明できる。					
寸法公差について説明できる。					
幾何公差について説明できる。					
データムの優先順位について説明できる。					
表面粗さについて説明できる。					
ドリルのプログラム指令点について説明できる。					
タップのプログラム指令点について説明できる。					
プログラム原点の設定法を説明できる。					
加工基準を説明できる。					
加工順序の決定ができる。					
使用工具の選定ができる。					
生産性を考慮して切削条件を決定できる。					
工作機械のツールポットの制限を説明できる。					
工具・切削条件に適したツールホルダの選定ができる。					
プログラムの作成方法を説明できる。					
プログラムの標準化について説明できる。					
プログラミングを行うことができる。					

製品の製造工程と生産計画

製造工程とマシニングセンタ作業

　製品加工は一つの工作機械で加工が可能なものは少なく、多くの場合、複数の工作機械が使用される。マシニングセンタによる加工は、製品を製作する製造工程の一つの工程を担うこととなる。

　製品を加工するための全体の製造工程は、設計図面や設計書を元に、求められる製造品質、設備投資、生産技術や、さまざまな生産コストなどを勘案して決定される。**工程設計**とも呼ばれるこの作業により、マシニングセンタの加工技術者に配付される製作図や作業指示書などが作成される。また、生産数と納期、在庫や調達などを考慮し生産計画が決定され、生産指示書などが作成される。

　製品の製造工程や生産計画の決定は利益に直結するものであり、一般的に設計、生産管理、生産技術、製造などの各部門のベテランが協議し行う作業である。

　マシニングセンタ加工などの切削加工を含む工程のパターンは無数にある

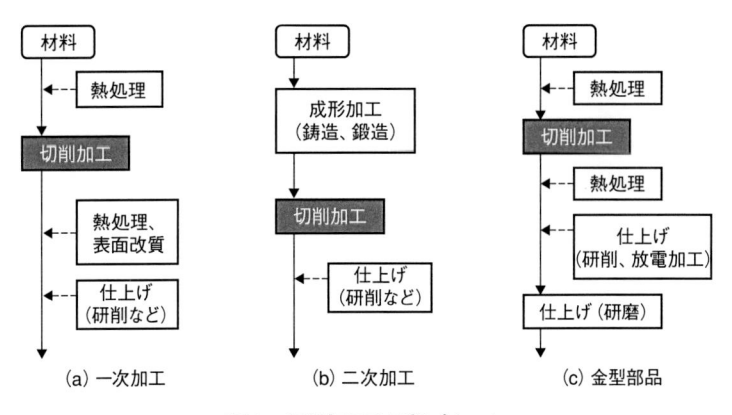

図1　切削加工の工程パターン

V. 加工の準備

が、その中で代表的な例を **図1** に示す。ただし、切削加工工程についても、旋盤やフライス盤で加工した後にマシニングセンタで加工するなど、複数の工作機械を使用した工程となることも多い。

　マシニングセンタ加工の前後工程がどのようになっているかで、供給される材料とその特性、加工後の形状が決まるためマシニングセンタ作業は変わる。したがって、製作図面や加工指示書の情報を正確に把握することが重要である。図面や加工指示書の検討項目については次節で詳しく述べる。

▍生産計画とマシニングセンタ作業

　生産計画における生産数は、主にマシニングセンタ加工の**段取り作業**に影響する。量産品など生産数が多い場合は、作業の効率化のため、専用治具を製作したり自動化を行ったりする。量産品の加工は、熟練の技術者以外が作業することも多いため、専用治具などは、同じ品質の製品を、安全に、効率よく、ミスなく、製作できるよう工夫されている。専用治具の設計・製作は、多くのノウハウを必要とするためベテランが行うことが多い。また、手間がかかるため専門メーカーに依頼することもある。

　金型などの単品製作や生産数が少ない製品は、汎用の取付け具や治具を用いて工作機械に取り付ける。切削力に対応する把握力を得ることはもちろんのこと、工具やホルダとの干渉、取付け具を外さずに必要な測定ができるかなども考慮して取付け箇所や方法を決定する。この場合も、ベテランが中心となって取付け方法を決定することが多い。

　マシニングセンタ加工における工場内納期の長短については、特に短い納期の場合に対策が必要であるが、日々の改善なしに実現は難しい。短納期を実現するためには、加工工程や生産準備、段取り、切削工具と切削条件の見直しなどが迫られるが、一朝一夕には実現できない。とりあえず切削速度を上げたり、切込み量を増やしたりして加工時間を短縮することは可能であるが、加工不良によるオシャカや、工具寿命の低下によるコスト増を招く恐れがあるため、できれば避けたい対応である。

図面の読取り

図面は製品を作るための重要な情報伝達のツールであり、ほとんどの製造現場には図面が存在する。そこには製品を性格付ける多くの情報が含まれており、製品を形づくる加工技術者にとって、図面を正しく読むことは必須である。具体的には、投影法、寸法や公差、表面性状などの意味を正しく理解し、立体とその詳細の形状精度を把握できることが求められる。

最近では、3次元CADの出力として3次元図面などが提唱されているが、実際に普及させるには問題も多く、未だ現場では2次元図面が主流である。ただし、金型などの自由曲面を含む形状については、図面では形状を表現しきれな

表1　マシニングセンタ作業の検討項目

		機械の選定	治具	加工工程	工具・加工条件	プログラム作成
供給される材料	外形の大きさ	○	○			
	重量	○	○			
	成形品、黒皮など		○			
	基準面(取付け面)加工の有無			○		
	熱処理				○	
図面の形状	材質 難削材				○	
	材質 軟質材			○	○	
	形状 加工要素が多数	○	○	○		○
	形状 薄板、ポケット形状、縁に近い穴など(加工変形)		○	○		
	形状 深穴、深溝など(L/D 大) 薄肉、微小形状(難加工)			○	○	
	形状 自由曲面					○
	精度 精度要求	○	○	○	○	
	精度 加工方法指示			○	○	
の加工後形状	材料の除去量	○		○		
	後工程での仕上げ加工			○		

○：影響の大きい項目

Ⅴ．加工の準備

いことも多いため、3次元モデルと2次元図面が併用される。この場合の2次元図面には、公差や注記など3次元モデルで表現しづらい情報が付加された簡易的な図面などがある。

表1に、図面や作業指示書から読み取ることのできるマシニングセンタ作業の検討項目を挙げる

▌工作機械の選定

(1) ワークサイズ

図面から、加工前の素材寸法が機械に入るか、固定は可能か、加工範囲は最大ストローク内か、などを検討する。最近のマシニングセンタは、安全対策としてフルカバーになっているものが多く、安全カバーの開口部が小さいものもあるので把握しておく必要がある。

写真1は、横形マシングセンタの段取り部（パレットチェンジャ）である。パレットチェンジャでの注意点は、パレットが加工部側に旋回するので旋回半径内に材料を納める必要がある（**写真2**）。

また、テーブル上に治具を利用して材料を固定するが、テーブル移動型のマ

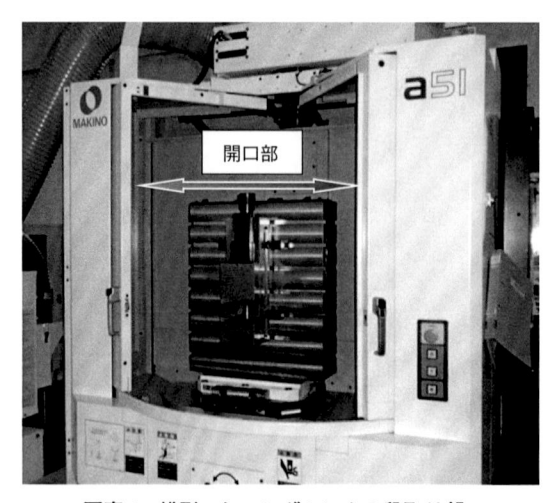

写真1　横形マシニングセンタの段取り部

図面の読取り

写真2　パレットチェンジャ

〈ポイント〉
回転中心から最も遠い部分が危険

写真3　Zストローク

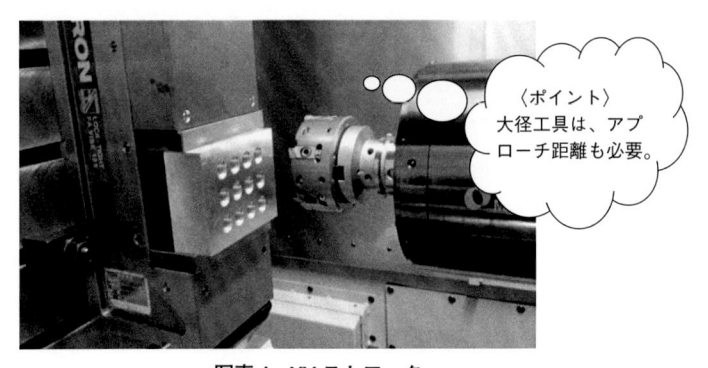

〈ポイント〉
ロングドリルでの加工は材料の高さも高い。

写真4　XYストローク

〈ポイント〉
大径工具は、アプローチ距離も必要。

V. 加工の準備

シニングセンタの場合は、材料がテーブルからはみ出して固定する際、機械本体との干渉をチェックする必要がある。

加工範囲は、長尺工具の場合は材料の高さも高くなるのでZストローク（**写真3**）を、大径工具を使用するときはXYストローク（**写真4**）の検討が必要である。

(2) 工作機械の運動性能

図面における寸法精度や形状精度を満たすには、工作機械が要求精度以上に正確に動いていることが重要になる。機械の精度は、機械個々によっても異なるし、環境によっても大きく変化する。工作機械の選定に当たっては、使用状況に応じた個々の機械の運動性能を把握しておく必要がある。

写真5は，高速回転時の工具先端の移動量を測定しているところである。高速回転する主軸の場合は、回転により熱を発生し、主軸の温度が上昇して熱変位を発生させる。これはZ方向の切込み精度に大きく影響する。

写真6は、DBBという測定器を使用してXY方向の工作機械の運動性能を測定しているところである。この結果により工作機械の各軸の精度や不具合などを確認することができる。

また、マシニングセンタは主に工具を回転させる機械であるため、主軸本体の回転精度やツーリングを含めた回転精度が製品精度や工具寿命に大きく影響を及ぼすことになる。

写真5　工具先端の移動量測定　　　写真6　DBBによる運動性能測定

加工箇所の確認

マシニングセンタにおける加工箇所は一般に、**平面加工、段差加工、穴加工、面取り（バリ取り）**に大別される。

(1) 平面加工

平面加工における図面指示の例を**図1**に示す。平面加工における代表的な加工に正面フライス加工、エンドミル加工がある。図面の要求精度（**粗さ、寸法公差、幾何公差**）により加工法を選択する。

例として、正面フライス加工における加工面の状態を**図2**に示す。通常、寸法値と表面粗さを評価基準としているが、工具の入り口付近と出口付近や、送り方向と垂直方向の形状は、仕上げ加工においても表面の粗さとは桁違いの大きなうねりを呈している。これは、力の変動により工具（刃先）が常に上下左右に動きながら切削しているからである。寸法公差や幾何公差の指示に対しては、うねりを重視し加工法や切削条件を設定する必要がある。また、表面粗さに対しては、様々な加工条件に起因しているが、送り速度と工具形状が最も関係している（「Ⅰ．加工方法」参照）。

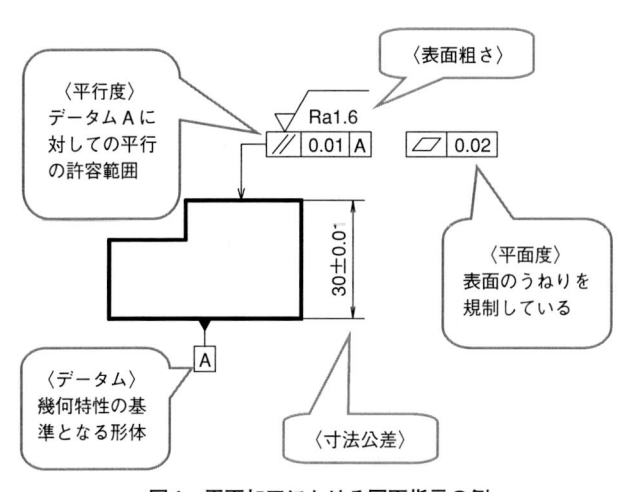

図1　平面加工における図面指示の例

Ⅴ．加工の準備

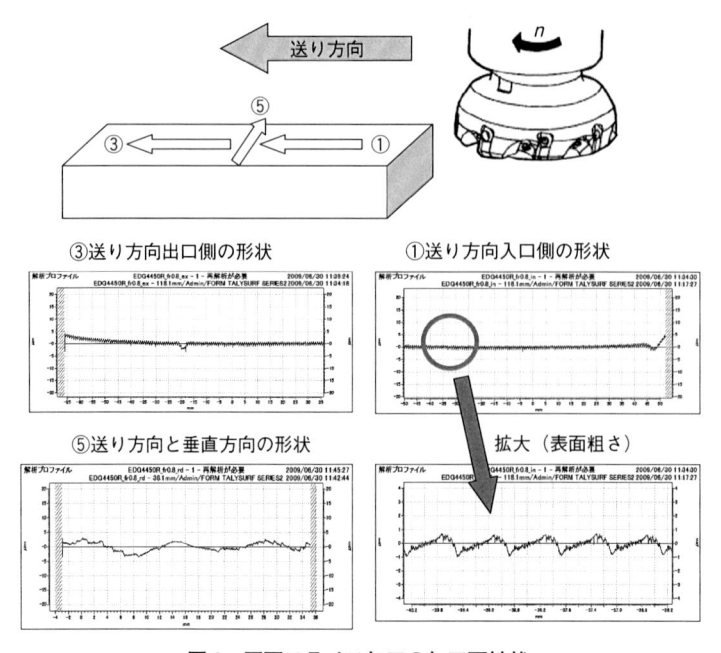

図2　正面フライス加工の加工面性状

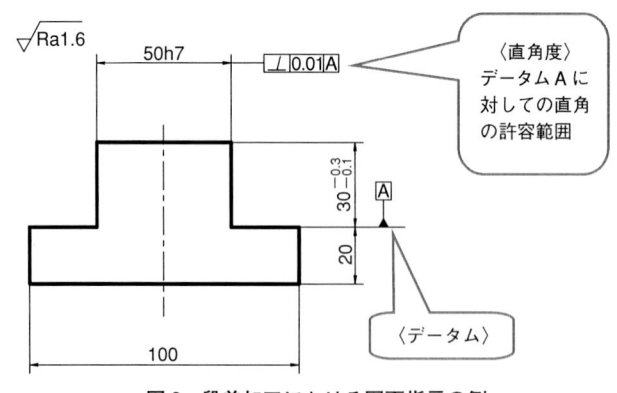

図3　段差加工における図面指示の例

(2) 段差加工

段差加工における図面指示の例を**図3**に示す。段差加工には、**段加工**、**溝加工**、**ポケット加工**と呼ばれる加工がある。

図面の読取り

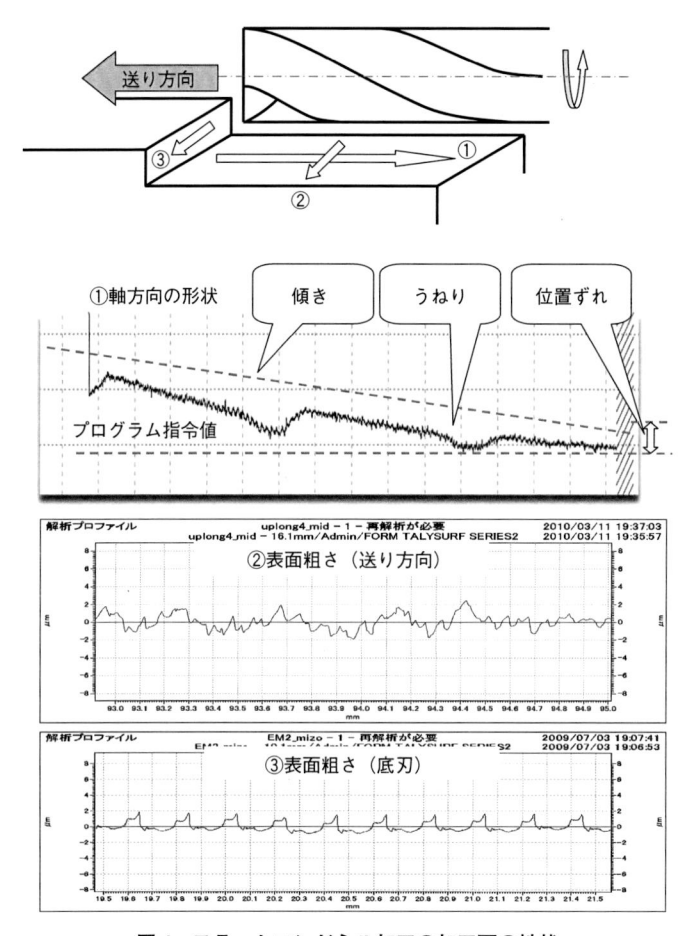

図4 フラットエンドミル加工の加工面の性状

　段差加工に多く使われる工具がエンドミルである。例として、フラットエンドミルの加工面の状態を**図4**に示す。加工面の特徴は、刃数とねじれ角が影響する**うねり**や、工具などの倒れから生じる**傾き**、送り速度や工具形状などから成る**表面粗さ**で構成されている。評価項目は、①**位置ずれ(寸法)**、②**粗さ**、③**傾き**、④**うねり**の4種類となる。

　エンドミル加工は片持ち梁で非常に変形しやすい加工方法であるので、高精度な形状・寸法を要求される場合は、工具や被削材の切削における力の向きと

Ⅴ．加工の準備

大きさを考慮し、工具径、突出し長さ、工具材種、切削方向、切削条件など、多くのパラメータを駆使して製品に仕上げていく。ここは一人前作業者の腕の見せ所でもある。

(3) 穴加工

穴加工における図面指示の例を図5に示す。タップ加工における図面指示の例を図6に示す。

穴を加工する代表的な工具に、ドリル、エンドミル、ボーリング、リーマ、タップがある。

ドリル加工における加工面の状態を図7に示す。ドリル加工での加工面の特徴は、切削開始点での食付きによる加工の**位置度**と、リップハイト差から生じる真円からのうねり（**真円度**）と、穴が丸く真直ぐ開いているかを示す**円筒度**からなる。円筒度は、真円度を数段面測定して評価する方法と、軸方向の形状を数ヶ所測定して評価する方法がある。

このドリル加工の形状は、2次加工（リーマ加工、タップ加工など）がある場合、2次加工の加工精度や工具寿命に大きく影響を及ぼすので、下穴の管理は大変重要である。

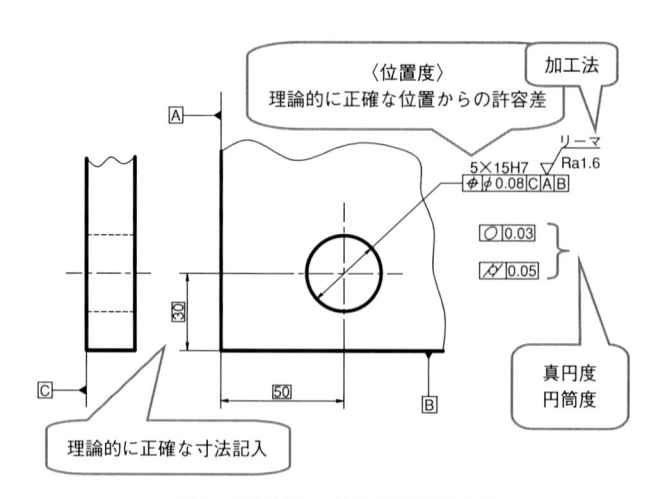

図5　穴加工における図面指示の例

図面の読取り

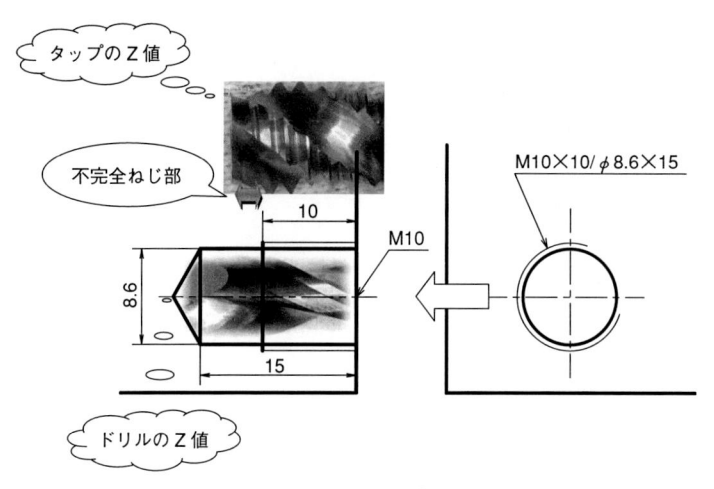

図6 めねじの図面指示の例

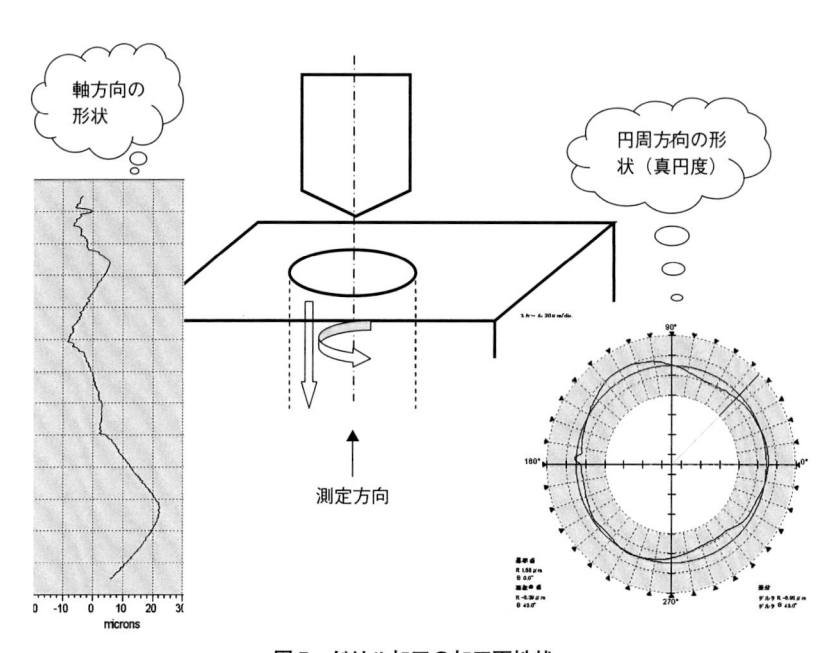

図7 ドリル加工の加工面性状

Ⅴ．加工の準備

■加工基準の確認

　製作図から加工する部品の**加工基準**を読み取り、加工基準となる面や線の方向を工作機械の送り軸方向と一致させる必要がある。この操作を**アライメント**といい、作業の一例は後述の段取り作業で記す。このことからも、**加工基準＝段取り基準**と考えてよい。

　図面からの加工基準の読取りには、**基準線（一点鎖線）、データム、寸法記入法（並列寸法記入、累進寸法記入、中心線）、基準明記**などから読み取るこ

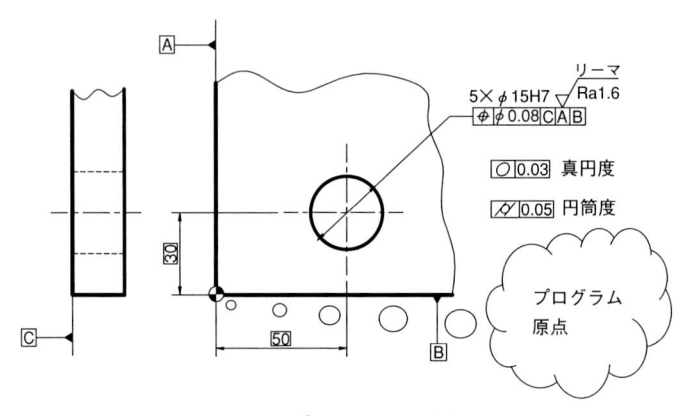

図8　データム図面の例

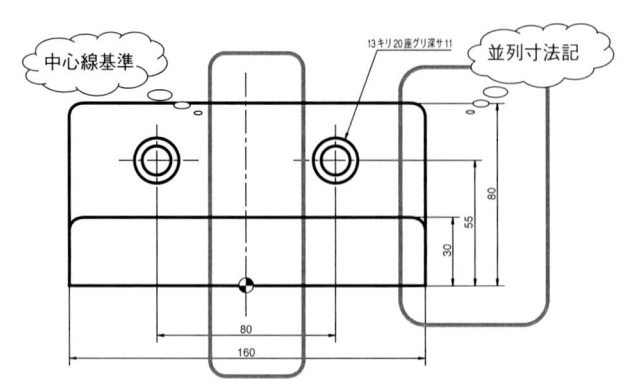

図9　並列寸法記入・中心線基準図面の例

とになる。加工基準のポイントを**プログラム原点**として設定するのが一般的であるが、プログラミングの効率化、間違いの防止、分かりやすさを考えて、プログラム原点は流動的になる。たとえば、機能別に寸法記入されている場合は、プログラム原点を複数使用することで、プログラミング時に計算による間違いが防止できる。

　データム図面の例を**図8**に、**並列寸法記入・中心線基準**の例を**図9**に示す。図8は、穴の中心座標を位置度公差で規定するために3つのデータムを使用している。位置度公差のデータムの順番がC、A、Bとなっているので、加工基準の順番もC、A、Bの順番でセッティングを行う。

　立形マシニングセンタで取り付けて穴加工する際には、①C面をZ軸と垂直に取り付ける、②A面をX軸またはY軸と方向を合わせる、③B面とA面（②で決めた軸）の交点を原点とする。**図10**はセッティングのイメージ図である。

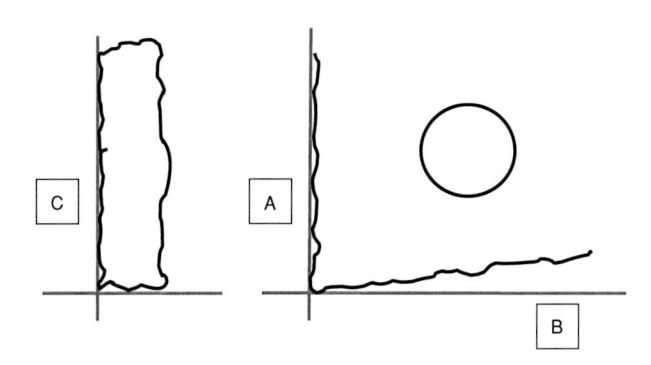

図10　セッティングイメージ

Ⅴ. 加工の準備

加工工程表の作成

　図面より工作機械、加工箇所、加工基準などを決定確認し、加工順序と使用工具および切削条件を決めていく作業が、**加工工程表**の作成になる。表1に加工工程表の記入例を示す。

(1) 使用工具

　工具は、図面の要求精度、使用する工作機械・ツーリング(使用能力と精度、在庫状況など)などを考慮し、最も能力を発揮できるものを選択する。工具材料・コーティング技術の進歩は目覚ましく、日進月歩であるため、最新の工具を最新の切削条件で使用することが最もコストダウンに寄与する。

(2) 加工順序

　荒加工は切削量が多く、被削材に大きな力と熱を発生する。力と熱は被削材を変形させ、加工精度の低下や加工後の製品表面に大きな残留応力を残し、製品機能や寿命の低下の原因となる。

　製品に大きな加工影響を残さないためにも、特段の理由がなければ、すべての荒加工終了後に仕上げ加工を行うべきである。加工による変形が大きく生じる際には、荒加工→熱処理(応力除去焼なまし)→仕上げ加工の工程を行うことも多い。

(3) 切削条件

　使用工具と被削材などから、プログラムに使用する回転数と送り速度、切込みを決定する。切削条件は、製品の品質・コスト(工具費と人件費)・納期や、ラインバランス、工具寿命、使用する機械の能力などを総合して決定していくことになる。この決定ができるようになれば、立派な一人前の作業者である。

加工工程表の作成

表1 加工工程表の例

部品番号	1								機　械：横型マシニングセンタ
部品名	2.5 CAM 課題								素　材：S 50 C　230 HB
			プログラム名		2.5 CAM 課題			作成者	ポリテクセンタ中部
			プログラム番号		O 1000			作成日	2010.6.26
工程番号	シーケンス番号	加 工 名	使用工具名			切削条件			備　考
			Tコード	Hコード	Dコード	Sコード	Fコード	切込み	
1	10	φ26 穴あけ加工	φ26 刃先交換式ドリル	1		Vc=163	fr=0.125		G 81 内部給油
2	20	外形輪郭荒加工 ポケット荒加工	φ10 6枚刃 超硬エンドミル	2	2	Vc=300 2000	fz=0.12 250	aa=15	ダウンカット コレットスルーMQL
3	30	外形輪郭仕上げ加工 ポケット仕上げ加工	φ10 6枚刃 超硬エンドミル	2	2	Vc=300 9550	fz=0.12 6300	aa=15 ae=1	ダウンカット コレットスルーMQL
4	40	M 8 下穴加工	φ6.9 超硬ドリル	3		Vc=100 9550	fr=0.2 6300	ae=0.2	G 81 内部MQL
5	50	φ8 穴あけ加工	φ8 超硬ドリル	4		Vc=100 4600	fr=0.25 920		G 81 内部MQL
6	60	座ぐり加工	φ8 4枚刃 超硬エンドミル	5	5	Vc=120 4000	fz=0.1 1000		ダウンカット コレットスルーMQL
7	70	面取り加工	刃先交換式面取りミル	6	6	Vc=80 4800	fz=0.1 1920	傾斜角2° ae=2	アップカット 外部MQL
8	80	M 8 タップ加工	M 8 高速シンクロタップ	7	7	Vc=75 4250 3000	fr=1.25 425 3750		G 84（同期モード） 内部MQL

V．加工の準備

ツーリングリストの作成

　ツーリングリストは、機械に工具をセッティングするときに必要な情報をまとめたシートである。**表1**にツーリングリストの例を示す。

　内容は、使用工具名・使用ホルダ名・工具番号・工具長補正番号、補正量・工具径補正番号、補正量・給油方法などである。図面から工作機械を選定し加工工程表を作成して、使用工具と切削条件から図面の要求精度を満足するツーリングを選択することが重要となる。

　また、工具番号の設定に当たっては、ツールチェンジャの制限(重量、長さ、幅、ポット間)があるので注意が必要である。正面フライスのような大径工具は、ポットの両隣を開けたり、重量と重心位置を確認する必要がある。**写真1**にツールチェンジャのポット間の状態を示す。

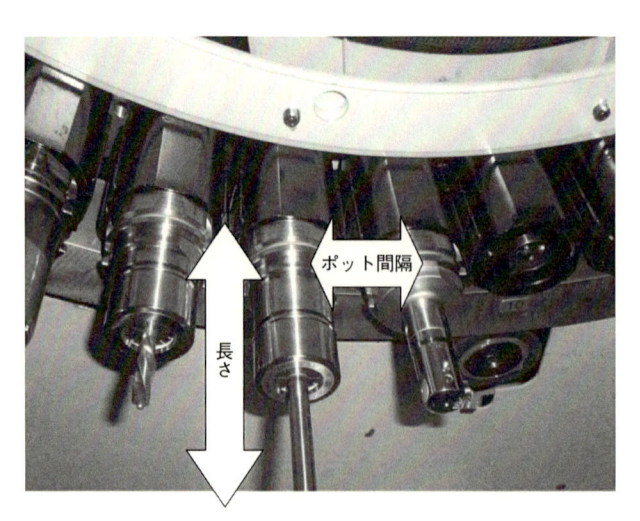

写真1　ツールチェンジャのポット間の状態

ツーリングリストの作成

表1 ツーリングリストの例

型番号				部品名	精密部品	材質	S 50 C 230 HB	日付		ページ 1/1	
プログラム番号	1000			プログラム名			A 55 ε	作成者			
工具番号 (Tool No)				工具長, 工具径 (突出し量)	使用機械 (メーカ, 型番)		ホルダ (メーカ, 型番)		コレット (メーカ, 型番)		備考
		分類 (クーラント方式)			工具 (メーカ, 型番)						
T	1	穴あけ 内部給油		L=256 mm D=26 mm (104 mm)	ST 32-TGN 260-78 L 大昭和精機		BBT 40-MEGA 32 D-90 大昭和精機				チップ W 2924010.0472 BK 72 W 2924010.0479 BK 79
φ 26-DRILL											
T	2	荒加工 エアーブロー		L=108 mm D=10 mm (25 mm)	CEPR 6100 日立ツール		BBT 40-MEGA 13 E-60 大昭和精機		MEN 13 (13-10) 大昭和精機		
φ 10-EM											
T	3	穴あけ 外部給油		L=135 mm D=6.9 mm (50 mm)	FTO-GDN OSG		BBT 40-MEGA 13 N-60 大昭和精機		MPS 13-0607 (13-7) 大昭和精機		
φ 6.9-DRILL											
T	4	穴あけ 内部給油		L=142 mm D=8 mm (64 mm)	DSX 0800 F 05 タンガロイ		BBT 40-MEGA 13 N-60 大昭和精機		MPS 13-0708 (13-8) 大昭和精機		
φ 8-DRILL											
T	5	ザグリ加工 エアーブロー		L=103 mm D=8 mm (19 mm)	EPPC 4080 日立ツール		BBT 40-MEGA 8 E-60 大昭和精機		MEN 8 (8-8) 大昭和精機		
φ 8-EM											
T	6	面取り加工 外部給油		L=163 mm D=5〜25 mm (25 mm)	CKB 2-C 0525 大昭和精機		BT 40-CK 2-120 大昭和精機				チップ SCW 1206 A
面取りカッター											
T	7	めねじ加工 内部給油		L=102 mm D=8 mm (37 mm)	VPO-US-SFT OSG		BBT 40-MEGA 13 N-60 大昭和精機		MPS 13-0809 (13-8) 大昭和精機		
M 8-TAP											

V．加工の準備

プログラミング

▎プログラムの作成方法

マシニングセンタによる加工では、**ツールパス**（工具の動き）や**工具交換**などの機械の動作や設定をプログラムにより制御する。プログラムの作成方法は、加工技術者が直接入力する**マニュアルプログラミング**と、コンピュータを利用する**CAM**による方法が代表的である。

マニュアルプログラミングは、ツールパスを指示する座標値が分かればすぐに作成に取りかかれるのが利点だが、ツールパスが複雑になり座標値の入力が多くなると作成に時間がかかる欠点がある。また、自由曲面など座標値の特定に莫大な計算が必要な形状のプログラミングは実質不可能である。

CAMは、形状情報を認識させることで座標値を自動的に計算しツールパス（**CL：カッタロケーション**ともいう）を作成できるのが利点だが、事前に加工するモデルデータを作成したり、さまざまな情報を設定したりするのに時間がかかる欠点がある。また、導入には投資が必要となる。

以上より、比較的単純なツールパスで座標値が容易に分かるときはマニュアルプログラミングで行い、自由曲面など座標の特定が難しい形状やツールパスが複雑で座標値の読取りと入力に手間がかかる場合はCAMで行うことが多い（図1）。

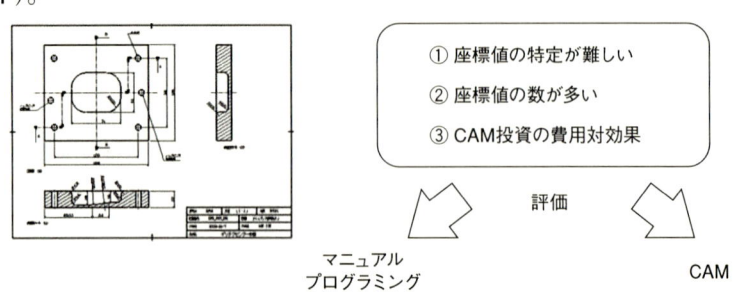

図1　プログラムの作成方法

プログラミング

■マニュアルプログラミング

　マニュアルプログラミング では、ツールパス（工具の動き）や工具交換など機械の動作・設定を指令するプログラムを直接入力して作成する。機械を制御するコードは工作機械によって異なる場合があるので注意が必要である。

　プログラムは、マシニングセンタ本体の制御盤やパソコンのエディタなどで作成する。ただし、パソコンなどの外部機器を使用してプログラムを作成した場合は、ネットワークやメディアによりマシニングセンタにプログラムを転送することが必要となる（図2）。

　ツールパス作成の際には、図面やCADデータなどから座標値を読み取る必要がある。図面から読み取る場合、テーパ端のフィレットの交点座標などは寸法から直接読み取れないため、三角比の計算などで座標値を求める（図3）。

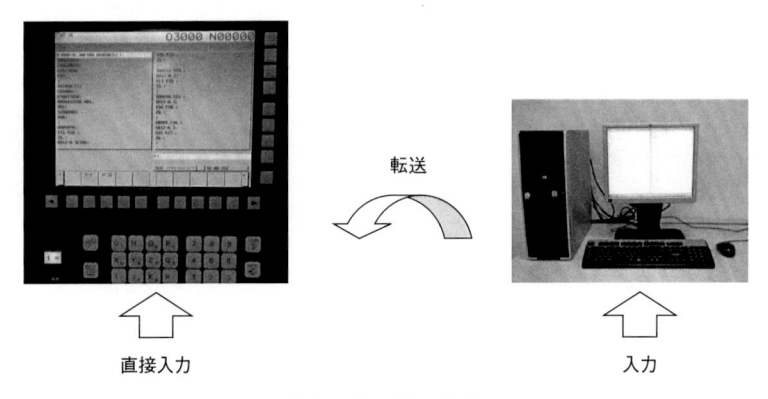

図2　プログラム作成

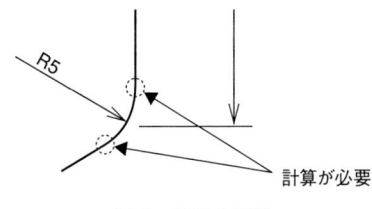

図3　座標の計算

Ⅴ. 加工の準備

▎CAM によるプログラミング

　CAM を利用してプログラムを作成する場合、同時に制御する軸数によって使用するソフトウェアやモジュールが異なる。ここでは、同時3軸制御について記述する。

　CAM により作成するツールパスは、工具の切込み量を指示する方向により大きく2つに分けられる。切込みの方向を **図4** に、切削後の面の状況を**図5**に、主な特徴を **表1**に示す。

工具軸方向　　　　　　　　　　　　工具径方向

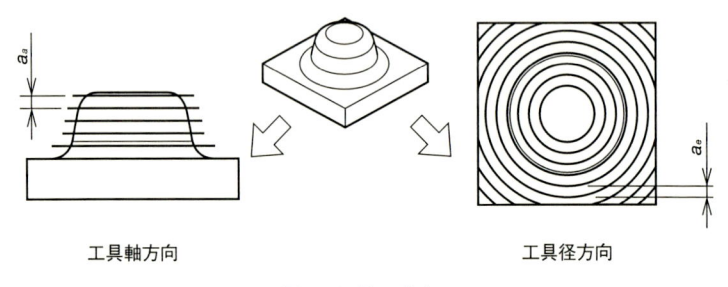

図4　切込み方向

工具軸方向　　　　　　　　　　　　工具径方向

図5　切削面の状況

表1　ツールパスの特徴

切込み方向	切込み量表示	主な加工法	適する形状
工具軸方向	a_a	等高線加工	壁面 急斜面
工具径方向	a_e	走査線加工 オフセット加工	平面 緩斜面

プログラミング

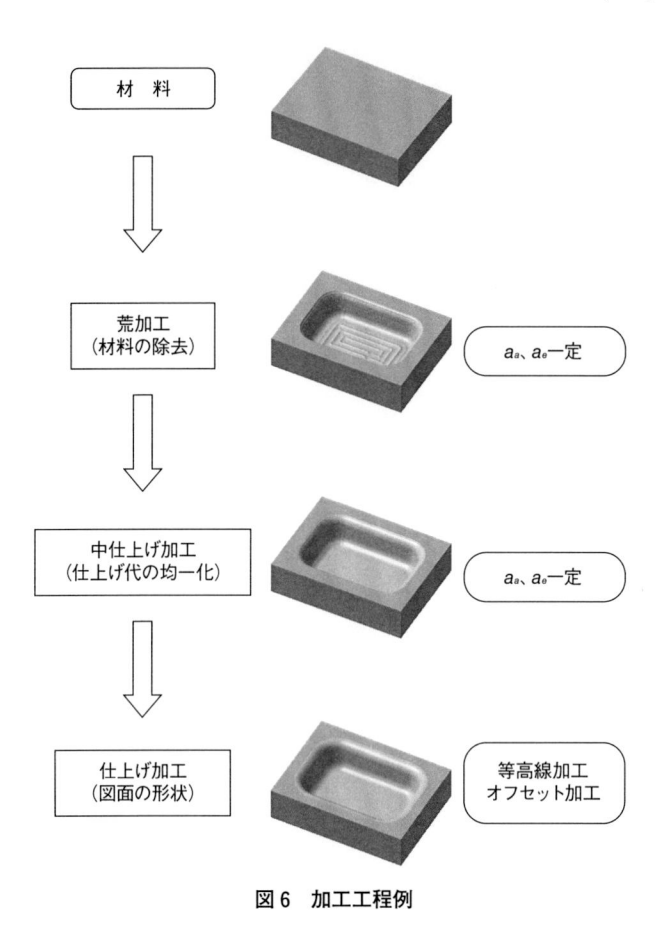

図6 加工工程例

材料 → 荒加工（材料の除去）a_a、a_e一定 → 中仕上げ加工（仕上げ代の均一化）a_a、a_e一定 → 仕上げ加工（図面の形状）等高線加工 オフセット加工

　加工工程は荒加工から仕上げ加工まで限りないパターンが考えられる。同時3軸加工の代表的な加工工程例を **図6** に示す。

　ツールパスなどのCAMで作成された情報をプログラムに変換するアプリケーションを **ポストプロセッサ** という。ポストプロセッサは、使用するマシニングセンタの制御機に合わせてカスタマイズする必要がある。また、後述のプログラムの標準化については、ポストプロセッサをカスタマイズすることにより対応できる。

Ⅴ．加工の準備

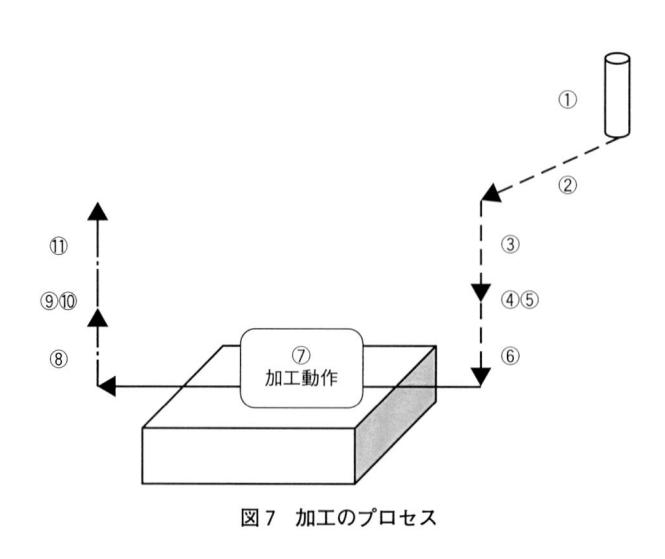

▌プログラムの標準化

　マシニングセンタで加工する様子を観察すると、使用する工具によらず以下のようなプロセスで動作していることが分かる（**図7**）。

　①主軸の工具を交換する
　②平面上の加工開始位置に移動する
　③工具長補正を行う　　　　　　　　　**加工前動作**
　④工具を回転させる
　⑤切削油やエアを出す
　⑥切り込む直前まで工具を近づける
　⑦切削加工を行う　　　　**加工動作**
　⑧工具を逃がす（遠ざける）
　⑨切削油やエアを止める
　⑩工具の回転を止める　　　　　　　　**加工後動作**
　⑪工具長補正をキャンセルする

　加工前動作、加工動作、加工後動作の一連のプロセスは、順番や位置決め座

図7　加工のプロセス

標の取り方には自由度があるため、プログラム作成者により若干の差異を生じる。この差異は、作成者以外の人がプログラムの内容を理解する時間がかかるだけでなく、チェック漏れによる事故につながる危険性がある。

したがって、混乱を避けるとともにプログラムの管理を容易にするために、ある一定のプログラム作成ルールを設けることによる **標準化** が行われる。

図8にプログラムの一例を示す。

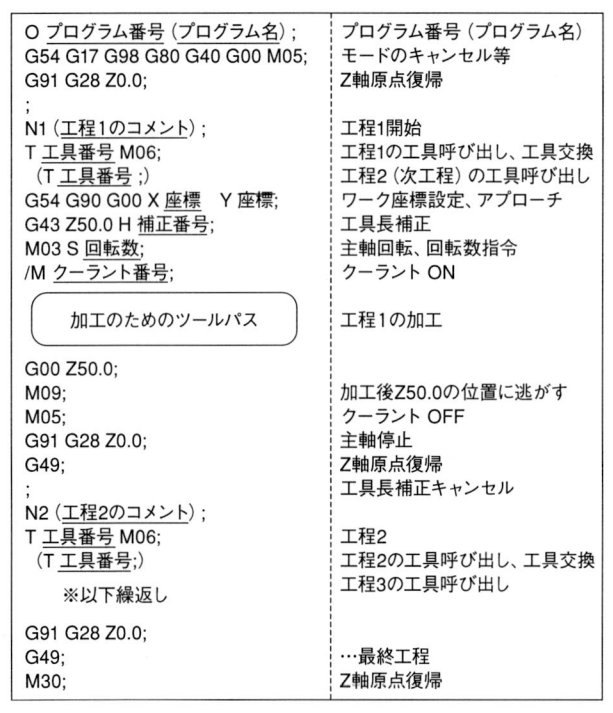

O プログラム番号（プログラム名）；	プログラム番号（プログラム名）
G54 G17 G98 G80 G40 G00 M05；	モードのキャンセル等
G91 G28 Z0.0；	Z軸原点復帰
；	
N1（工程1のコメント）；	工程1開始
T 工具番号 M06；	工程1の工具呼び出し、工具交換
（T 工具番号 ;)	工程2（次工程）の工具呼び出し
G54 G90 G00 X 座標　Y 座標；	ワーク座標設定、アプローチ
G43 Z50.0 H 補正番号；	工具長補正
M03 S 回転数；	主軸回転、回転数指令
/M クーラント番号；	クーラント ON
加工のためのツールパス	工程1の加工
G00 Z50.0；	加工後Z50.0の位置に逃がす
M09；	クーラント OFF
M05；	主軸停止
G91 G28 Z0.0；	Z軸原点復帰
G49；	工具長補正キャンセル
；	
N2（工程2のコメント）；	工程2
T 工具番号 M06；	工程2の工具呼び出し、工具交換
（T 工具番号;)	工程3の工具呼び出し
※以下繰返し	
G91 G28 Z0.0；	
G49；	…最終工程
M30；	Z軸原点復帰

図8　プログラムの例

VI

段取り作業

チェックシート

段取り作業	技量水準				スコア
	1	2	3	4	
工具の清掃を含めた組立て作業ができる。					
工具の機械への取り付けができる。					
工具径の2％以内に振れを抑えることができる。					
工具長を測定することができる。					
補正値を機械に入力することができる。					
適切な取付け治具が選択できる。					
取付け具のセットができる。					
バイスの平行出しができる。					
ワークの取付けができる。					
機械座標系を理解することができる。					
ワーク座標系を理解することができる。					
ワーク原点の指定ができる。					
心出し工具の使用ができる。					
ワーク座標系の設定ができる。					
ドライランの使用ができる。					
エアカットができる。					
工具補正量チェックができる。					
干渉チェックができる。					
工具軌跡の確認ができる。					

ツールセッティング

　加工に必要な工具を用意し、主軸やATCマガジンに工具を取り付ける作業を**ツールセッティング**と呼んでいる。

■工具の組立て

1. 工具の取付け

　正面フライスを例にとってツールホルダへの工具の取付けについて説明する。工具の取付けで重要なことは、できるだけ工具が振れないように取り付けることである。そのためには清掃が重要になってくる。。
　①安全面を考え保護眼鏡をつける。
　②ミーリングチャックの内径をウェスでよく拭き（**写真1**）、エアでほこりを飛ばし（**写真2**）、目視で傷や汚れほこりがついてないか確認する。
　③正面フライスの側面の汚れをウェスできれいに拭き取り（**写真3**）、ここでも傷、汚れ、ほこりなどがないか確認する。
　④ミーリングチャックの奥に当たるまでゆっくり挿入して、まず手でカラー

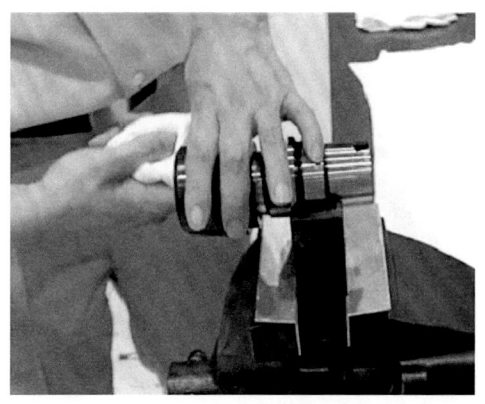

写真1　ミーリングチャックの内径の汚れをウェスで拭く

Ⅵ. 段取り作業

写真2　ミーリングチャックの内径のほこりをエアで飛ばす

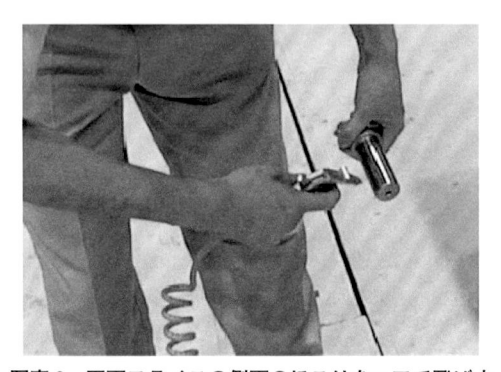

写真3　正面フライスの側面のほこりをエアで飛ばす

写真4　手でカラーを締め付ける

ツールセッティング

写真5 フックスパナでカラーを締め付ける

を絞めつける(**写真4**)。このとき、片方の手で正面フライスが飛び出さないように軽く押さえておく。

⑤手で絞め付けた後、フックスパナでカラーを締めつける。片方の手はフックがはずれないように添える(**写真5**)。

注意事項
・カラーの衝撃的な締付けは行わない。
・正面フライスの突出しが最小限になっていること。

2. ATCへの取付け

工具をマシニングセンタのATCにセットする。
①セットの際はマシニングセンタの使用上の注意をよく把握しておく。
②空ポットが手前になるようにATCマガジンを回す。
HSKシャンクの場合、深い溝がある方を奥に、余分に切欠きが入っている方を手前にしてポットに取り付ける(**写真6**)。BTシャンクの場合、HSKシャンクと同じく空ポットの工具ホルダの溝に合わせてシャンクを差し込む(**写真7**)。
③工具はしっかりと奥まで挿入し、カチッと音が鳴るまで押し込む(**写真8**)。工具がしっかりと固定されて外れたり回ったりしないことを確認してからATCのドアを閉じる。

Ⅵ．段取り作業

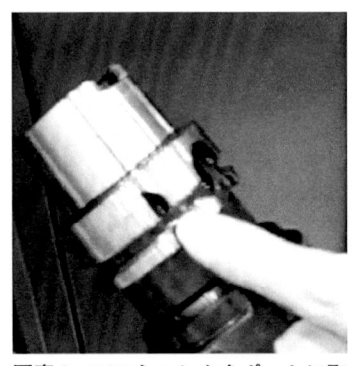

写真6　HSKシャンクをポットに取り付ける

写真7　BTシャンクをポットに取り付ける

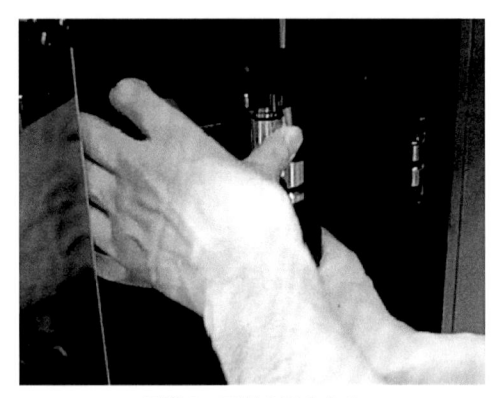

写真8　工具を固定する

　④最後に、今取り付けたポットNo.のところにマシニングセンタ本体から工具番号を登録する。

　（取付方法および登録方法に関しては各メーカーによって違いがあるので、詳しくは取扱説明書を参照する。）

▌工具の振れの確認

　工具を機械に取り付けた後、バイスの上にダイヤルゲージを取り付け、工具刃先の振れを測定する（**写真9**）。主軸が自動的に回転しないことを確認し、目盛りを0に合わせる。その後、手動で工具を1周させ、振れを確認する。刃先

写真9　ダイヤルゲージで振れを測定する

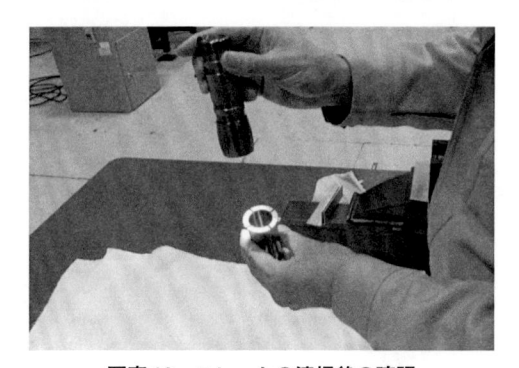

写真10　コレットの清掃後の確認

の振れは、おおよそ$D \times 0.02$（直径×2%）以内が目安である。

　収まらなかった場合は、工具を取り外し、コレット、ミーリングチャックの清掃を行い、再度取付けを確認する（**写真10**）。この振れが大きいと、片刃にかかる抵抗が大きくなると同時に寸法まで影響してくるので要注意である。

▌工具補正値の測定

　通常、マシニングセンタでは複数の工具を使用して加工を行うが、それぞれの工具は長さが同じではない。したがって、工具の長さを機械に認識させる必要がある。マシニングセンタの場合、工具の長さを**工具長**と呼ぶ。**工具長**とは、

Ⅵ. 段取り作業

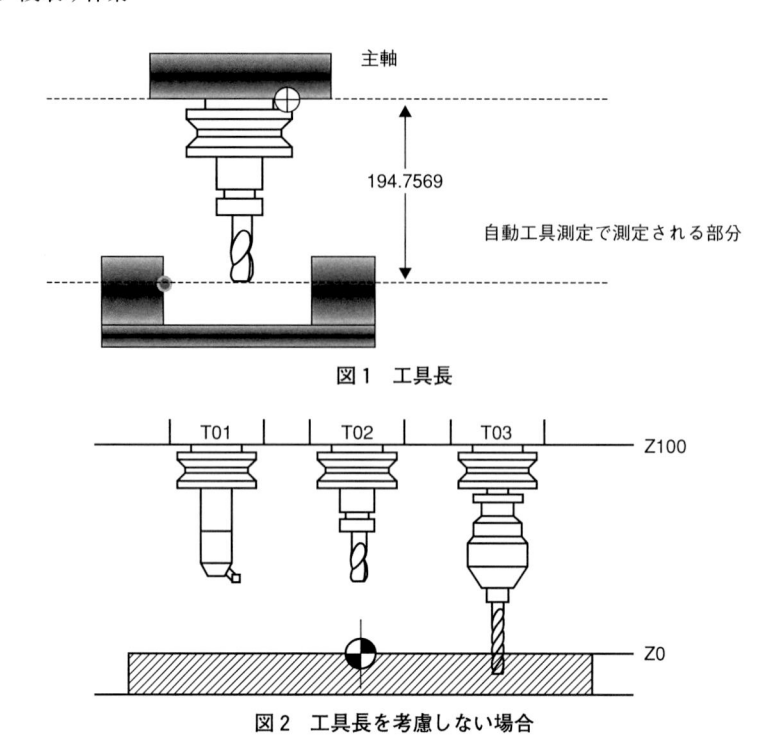

図1 工具長

図2 工具長を考慮しない場合

主軸のクランプ部の最下部から工具の先端までの距離のことである。したがって、図1のような長さになる。

　プログラムを作成する場合は、この工具長を考慮しないで作成する。そうすると、座標値基準点は工具取付け位置ゲージ面となり、機械は取り付けただけでは工具の長さを認識しないのでワーク上面をＺ０としたとき、

　　G 90 Z 100.0；

と指令すると、図2のようにゲージ面がＺ100.0の位置にきてしまう。加工するのは工具先端部分なので、これでは思うような位置に工具が来てくれないので加工はできない。したがって、この工具長の分だけ移動させなければいけない。

　このようなことを解消するために**工具補正機能**（G 43，G 44，G 49）を使用する。この機能を使用すると、

ツールセッティング

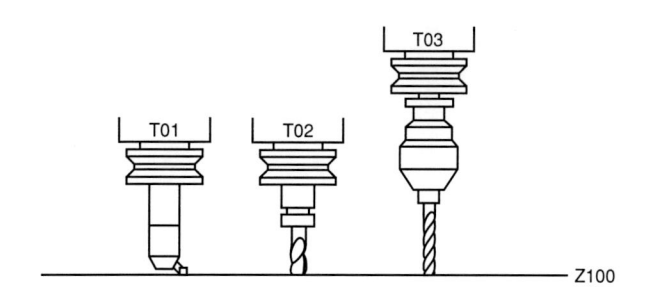

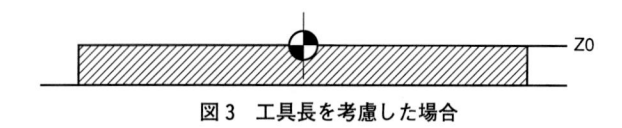

図3 工具長を考慮した場合

　G 90 G 43 Z 100.0 H___ ;
となり、工具刃先がZ 100.0の位置に来る（図3）。

　この工具補正機能を使用するためには工具長が必要になる。工具長を測定する方法は、工具を機械に取り付ける前に測定する方法と、取り付けた後に測定する方法の2種類ある。

1. 工具を機械に取り付ける前に測定する方法

　ツールプリセッタに工具を取り付け工具長を測定できる。その値を工具補正画面上に登録する。径方向の測定もでき、径補正での利用
もできる（**写真11**）。ボーリング加工などの1刃での加工の刃の調整などに便利である。

2. 機械に取り付けた後に測定する方法

(1) 自動測定ができる場合

　マシニングセンタにオプションで自動工具長測定機能が備わっているものがある。接触式と非接触があり、**写真12**は非接触式でセンサ感知式である。工

― 169 ―

Ⅵ. 段取り作業

写真11　ツールプリセッタによる工具長および工具径の測定

写真12　自動工具長測定機能付きマシニングセンタ

具を測定器まで下ろしていくとセンサで感知して自動的に工具長を測定し、機械の工具補正画面上に登録される（**表1**）。例えば、工具がT 02であれば工具の長さは194.7569 mmということが分かる。

表1 工具補正画面

番号	形状(H)	摩耗(H)	形状(D)	摩耗(D)
01	140.9758	0.0000	12.4550	0.0000
02	194.7569	0.0000	12.4189	0.0000

(2) 自動測定ができない場合

　径の大きいものや工具自動測定機がない場合は、自動測定できない。そのような場合は、以下のような**基準工具**（あらかじめ工具長が分かっている工具）を使用する方法で工具長を求めることができる。

　基準工具となる工具を取り付け、ベースマスタをテーブルまたはバイスのような平面に置き、工具の先端をジョグダイヤルを使用して図4のように接触させる（接触すると赤いランプが点く）。ここを0基準とし、Z軸座標の相対座標値を0にする。

　方法は機種によって様々だが、一例として

　　POS(座標画面)→「相対座標」→「Z軸オリジン(Z０入力)」→「実行」

で工具長を求めたい工具に交換する。

　同じようにツールセッタに刃先（先端）を当て、その時のZ軸座標の相対座標値を確認する。その値がZ＝－48.3であった場合、ジョグダイヤルを使用して48.3 mm 工具を下ろしたということである。

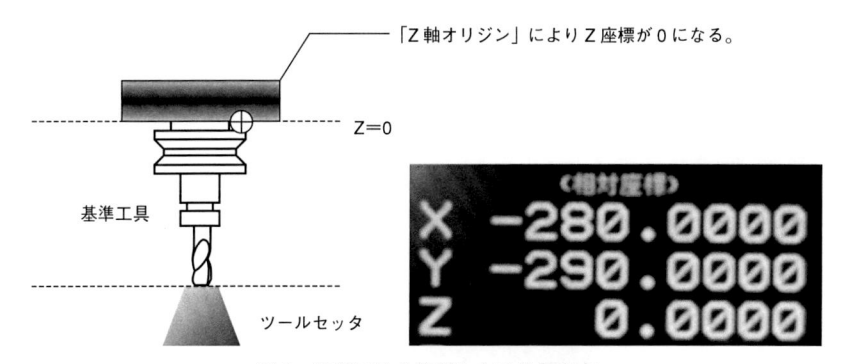

図4　基準工具を使用した工具長測定

Ⅵ. 段取り作業

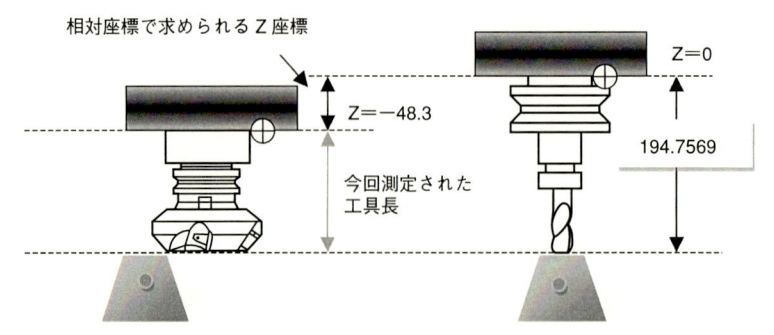

図5 基準工具を使用した工具測定（2）

図5のように、先ほど求めた相対座標の原点からの相対的な座標値が分かる。つまり、今回測定した工具長は 194.7569 − 48.3 ＝ 146.4569 となる。それで、この値を工具補正画面上に登録する。

しかし、これらの工具長を信じて加工しても、測定してみるとプログラム通りの寸法にはならず、必ず誤差が起きる。あくまでもおおよその工具長と捉えた方がよい。

その誤差の修正方法は、工具補正画面上で行う必要がある。

　例）G 90 G 01　Z-20.0　F___；　X___；

実際の深さを測定してみると、0 mm にならないといけないところが 19.8 mm になっていたとする。その場合、工具長の値を 0.2 大きく入力する。機種にもよるが、工具補正画面に工具長摩耗補正登録ができる場合は、工具長はそのままで摩耗補正のところに − 0.2 と入力する。それでもう一度加工ということになる。

この例では 0.2 mm 小さかったので問題なかったが、プログラム寸法よりも大きくなった場合、取り返しのつかないことになるかもしれないので、通常はそうならないようにあらかじめ工具長を測定値よりも小さく入力するか、もしくは出来上り寸法より小さくなるように補正値を入力し、一度試し加工を行った後、測定を行い、誤差分だけ補正して本加工に移る。

ワークセッティング

ワークセッティング

　ワークを機械に取り付けるには、テーブルの上にワークを置き、取付け治具を使用して取り付けるか、マシンバイスや油圧バイスを使用して取り付けるなどの方法がある。ここでは一般的なバイスを使用しての取付け方法にふれる。

▍バイスの取付け

　①バイスの裏側をウェスできれいに拭き取る。
　②細かな凹凸をなくすため白色砥石でバイスの底面をすり当てる（**写真1**）。全体的に8の字を描くように行う。ひっかかる部分があれば少し多めにすり当てる。
　③エアを当て細かな研磨粉やほこりを除去する（**写真2**）。
　③再び白色砥石ですり当て、ひっかかる部分がないか確認する。
　④テーブルの平面も出す（**写真3**）。バイスと同じように引っかかる個所があれば少し研磨する。
　⑤T溝に固定治具を取り付ける（**写真4**）。
　⑥バイスをテーブルの上に設置するが、傷や汚れがつかないように底面にものが触れないように気をつける（**写真5**）。バイスはかなり重いが、テーブル

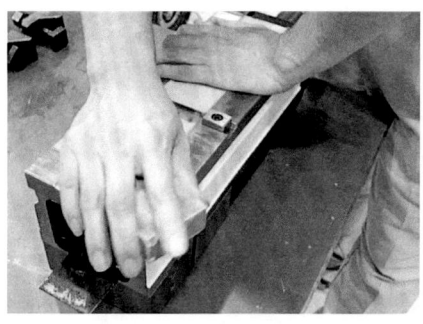

写真1　白色砥石でバイスの底面をすり当てる 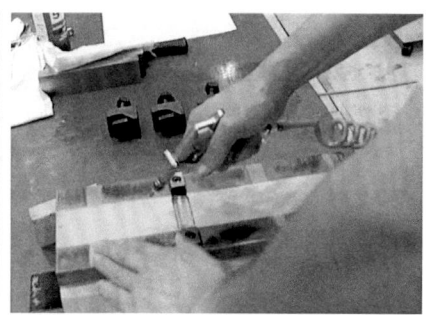　　写真2　エアで研磨粉やほこりを除去

Ⅵ．段取り作業

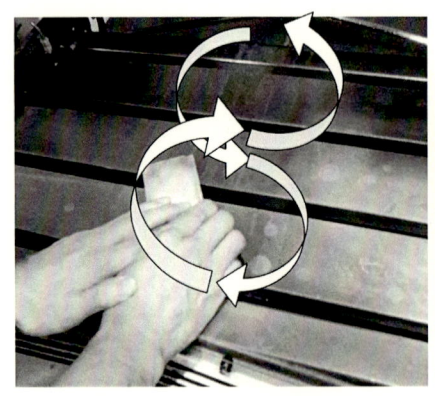

写真3　テーブルの平面出し

写真4　T溝に固定治具を取り付ける

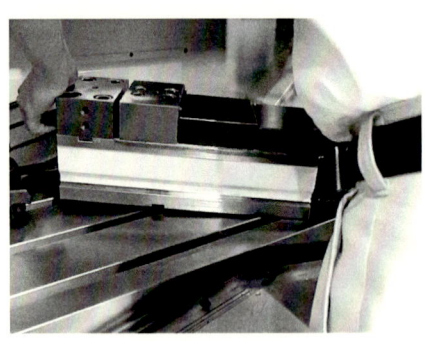

写真5　バイスをテーブルの上に設置

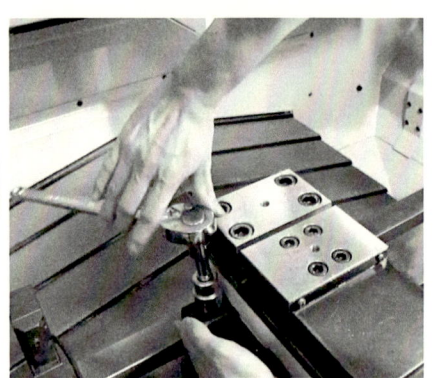

写真6　ソケットレンチで締める

上面をこすらないように気をつける。

　⑦バイスの片側の固定治具を仮止めする。ソケットレンチで軽く締める（**写真6**）。

　⑧テーブルに対してバイスが正しい位置にあるかを確認する。

　⑨主軸にマグネット付きのマイクロメータを付け、バイスの基準面に軽く当たるようにセットする（**写真7**）。針に目盛の0を合わせる（**写真8**）。

　⑩X軸方向に主軸をゆっくり移動し目盛のずれを確認する（**写真9**）。

　⑪位置を修正するためプラスチックハンマーで軽く叩き調整する（**写真10**）。このとき、叩いても支障のない場所を叩く。ハンドルは叩いてはいけない。

ワークセッティング

写真7　主軸にマイクロメータを付ける

写真8　目盛りを0に合わせる

写真9　目盛りのずれを確認

写真10　プラスチックハンマーで位置を調整

写真11　もう片方の固定治具を取り付ける

Ⅵ. 段取り作業

⑪もう一度、X軸方向に主軸を移動しマイクロメータで位置のずれを確認する。ずれがあれば同じ作業を繰り返す。

⑫もう片方の固定具を取り付け、ねじを軽く締める（**写真11**）。もう一度、4つのねじを軽めに締める。

⑬締め付けにより微小なずれが発生するため、もう一度、X軸方向に主軸を移動し、ずれがないか確認する。ずれがあればプラスチックハンマーで軽く叩いて調整する。

⑭最終確認としてバイス口金部分に傷やゴミが付着していないか確認する。

■ワークの取付け

①ワークがバイスの深さよりも低い場合、下に平行台を置きバイスを締める（**写真12**）。平行台の高さが合っていなかったり、傷やゴミがあったりした場合、ワークが傷ついたり、水平が出ない場合があるので、きちんと測定・清掃したものを使用する。

②ワークを締め付ける（**写真13**）。荒切削の場合は、ワークが動かないように強くハンドルを締める。仕上げ切削の場合は、締めすぎるとワーク自体が倒れてしまうので適正な力で締め付ける。

③ワーク上面全体をプラスチックハンマーなど（ワークが傷つかないもの）で叩き、ワークの水平出しを行う（**写真14**）。

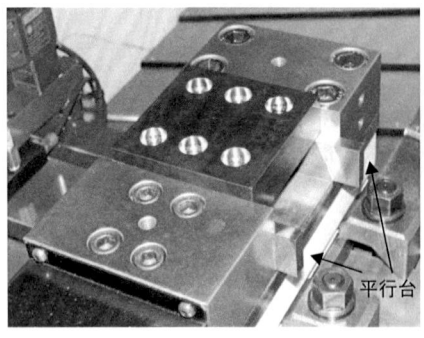

写真12　ワークの下へ平行台を置いて高さを調整

写真13　ワークを締め付ける

ワークセッティング

写真14　プラスチックハンマーで叩いてワークの水平出し

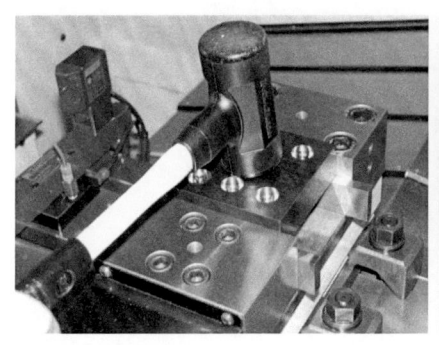

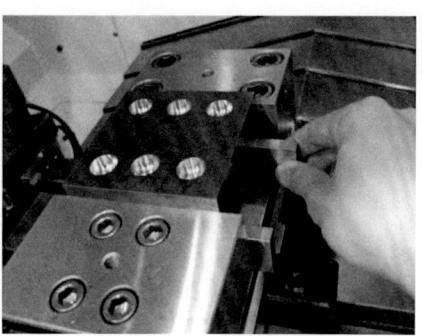

写真15　平行台が動かないか確認

④ワークと平行台が密着して平行台が動かないかどうか確認する（**写真15**）。荒切削（特に重切削）の場合は、ワークの直角が出ていなかったり、締付力によって材料が倒れて直角が出ない場合があり、ワークが多少動いてしまう場合があるので注意が必要である。

ワーク座標系の設定

アブソリュート指令で作成したプログラムを起動しても機械はワークがどの場所に置かれているのかわからないので（指令する基準点が不明なため）、まったく違う位置（実際は前加工ワーク原点を基にして）で動いてしまう。そのため、機械にワークの位置（**プログラム原点**）を教えてあげなければならない。これが**ワーク座標系**の設定になる。

この設定を行う上で考えなければならない座標系が2つある（図1）。

①**機械座標系**

機械固有の座標系。機械基準点。あらかじめ機械に設定されている座標系なので、作成したプログラムと無関係でワークが変わろうとも位置は動かない。ただ一つの座標系になる。機種によってこの機械座標系の位置は様々である。

②**ワーク座標系**

ワーク基準の座標系。作成したプログラムで使用する座標系である。ワーク

Ⅵ．段取り作業

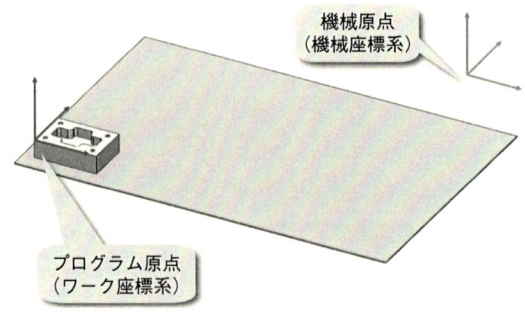

機械原点
（機械座標系）

プログラム原点
（ワーク座標系）

ワーク座標系 G54 ～ G59

図面からプログラムを作成した時の座標をテーブルに取り付けたワーク上に再現させる。

図1　機械座標系とワーク座標系

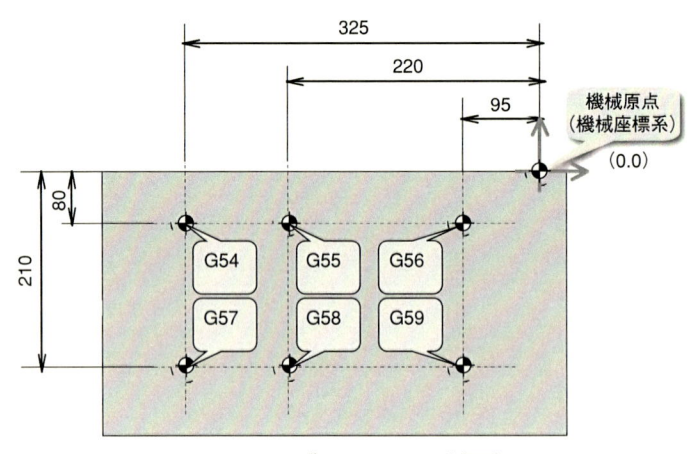

図2　テーブル上のワーク座標系

が変わるたびにその位置が移動する。複数の座標系をもつことができる。制御装置によってもてる個数は様々である。

　ワーク座標系の1回の加工における最大個数は制御装置によってまちまちだが、ここでは一般的な制御装置に関して説明すると最大6つまで座標系をもつことができる。テーブル上の任意の場所に6つまで原点を設定したものを**図2**に示す。6つの座標系は、機械原点からそれぞれのプログラム原点（G54～G

ワークセッティング

```
G54  X-325.0     G57  X-325.0
     Y-80.0           Y-210.0
     Z-・・            Z-・・
G55  X-220.0
     Y-80.0
     Z-・・
```

図3 機械原点からの各プログラム原点までの距離を機械に設定

写真16 心出しバー

59)までの各軸の距離を実測し、ワークオフセット量として機械に設定することで決定する（図3）。Z軸に関しての測定は後で説明する。

　まず、プログラムを作成する時点でワークのどの位置に原点をもってきたいかを考える。その位置が確定し、プログラムを作成し終えたらワークをバイスなどに取り付ける。この後、ワーク座標系の設定となる。

　実測の方法としては、**心出しバー**（**写真16**）などを使用し、ワーク側面X軸方向、Y軸方向に接触させ位置情報を把握しながら測定する。工具の位置情報は必ず画面上の機械座標の位置に表示される。この数値が機械原点からの距離になる。

　この値をワーク座標系画面のG54～G59の場所に入力することでワーク座標系が設定される。ここではG54の場所に入力した例を示す（**写真17**）。

　このように入力することで、「G90　G54　X0　Y0；」の指令で機械座標に表示されている位置に工具が移動する。

― 179 ―

Ⅵ. 段取り作業

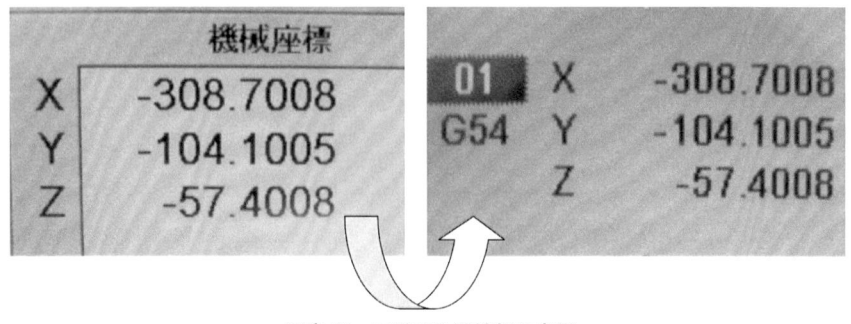

写真17 工具の位置情報の表示

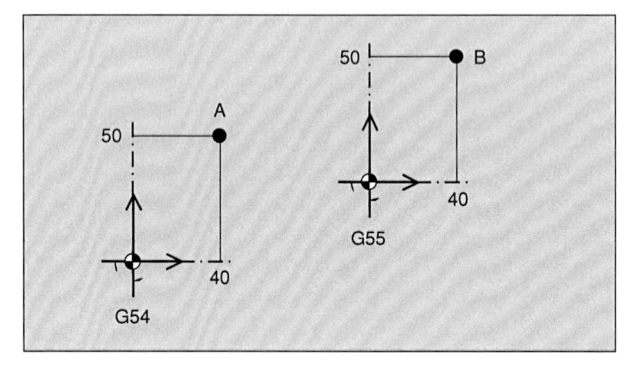

図4 X軸、Y軸の距離が同じでもワーク座標系が異なると指令点は異なる

　　G 90　　G 54　　X 40.0　　Y 50.0 ; ……A
　　G 90　　G 55　　X 40.0　　Y 50.0 ; ……B

上記のプログラムは共に「X 40.0　Y 50.0」を指令しているが、ワーク座標系が異なっているため、G 54の原点からの距離、G 55の原点からの距離となり、指令点は違う（**図4**）。

最後にZ軸に関しての設定になる。

通常、Z軸の機械原点はZ軸原点復帰位置に設定されている。その位置からプログラム上のZ軸の原点（加工基準面）までの距離をワーク座標系のZ軸の位置に入力する（**図5**）。

測定方法としては、Z軸方向も測定できる心出しバーがあれば、加工基準面もしくは基準面になる場所（テーブルなど）に当てれば測定できるが、ない場

ワークセッティング

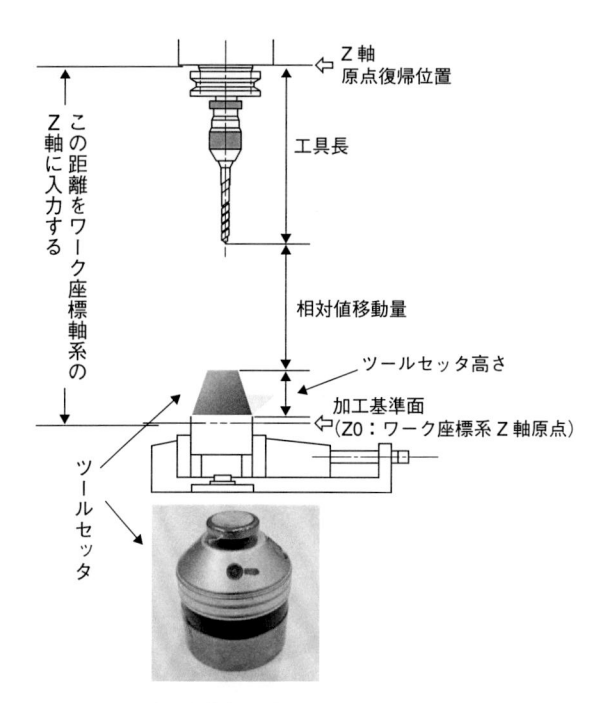

図5 Z軸原点復帰位置とワーク座標系Z軸原点位置

合は**ツールセッタ**などが必要になってくる。

測定の手順を示す。

①あらかじめ工具長が分かっている工具を取り付け、Z軸原点復帰する。

②座標画面で相対座標のZ軸を0にする。

③ツールセッタをワーク上面に置く。

④ジョグダイヤルを使用し、工具をツールセッタに接触させる。

⑤相対値＋工具長＋ツールセッタ高さの値を足したもの（負の値）をワーク座標系のZ軸に入力する。

加工基準面がワーク上面よりも下方にある場合は、その分の値をワーク座標系にプラスする必要があるので注意が必要である。

工具ではなく**基準バー**（長さが正確に出ている測定用工具）があれば、なお正確に測定できる。

Ⅵ. 段取り作業

プログラムチェック

　プログラムチェックとは、実際に作成したNCプログラムの加工動作が正しい動きをしているかどうかを実際に工具軌跡を見ながら確認する作業である。もし不具合などが見つかれば、プログラム修正などを行う必要がある。

■ドライランによるプログラムチェック

　操作盤の「ドライラン」スイッチをオンにして（**写真1**）、プログラム中の送り速度を無視させ、**ジョグダイヤル**（**写真2**）で送り速度を自由に変えながらシングルブロックでプログラムを起動させてプログラムチェックを行う方法である。

　そのまま起動させてしまうとワークを切削してしまいチェックどころではなくなるので、通常、Z軸のオフセット量を+100 mmなどに設定し工具をワークより浮かせた状態（**エアカット**）でチェックする。

　この場合、送り速度以外の工具軌跡を見て取れるので、加工開始・終了点、工具補正量チェック、干渉チェックなどを送り速度無視で行い時間を短縮して

写真1　ドライランスイッチ　　　写真2　ジョグダイヤル

行うことができる。

　注意点として、プログラムチェック終了後、必ずドライランのスイッチをオフにする。

■シミュレーションソフトによるプログラムチェック

　実際にプログラムを作成して加工を行う前にプログラムチェックを行い、工具軌跡（干渉チェック）がどのようになっているか確認するとき、プログラムが長い場合は、ドライランなどを使用して行ったとしても多くの時間がかかってしまう。そういった場合、工具軌跡をパソコンなどで確認できるシミュレーションソフトがある。最近はCAMと一体型になっているものが多い。

　使用方法は、作成したプログラムをソフト内に打ち込むだけになる（図1）。CAMに関しては、作成されたプログラムが自動的に描画反映される（図2）。しかし、工具軌跡の確認はできても実際に動いてはないので、送り速度などの確認はきちんとしておかなければならない。

図1　プログラムを編集画面に打ち込む

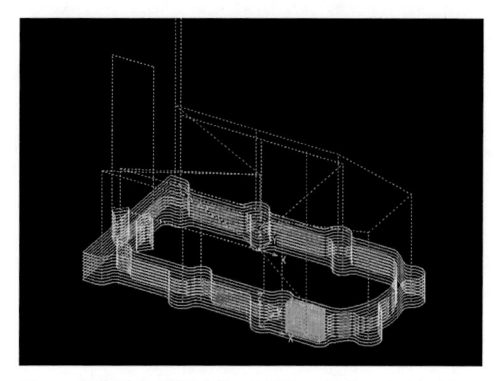

図2　自動的に描画されて形状に間違いなどがないかチェックできる

VII

テスト加工

チェックシート

テスト加工	技量水準			スコア
	2	3	4	
工具の回転数を求めることができる。				
工具およびテーブルの送り速度を求めることができる。				
ドリルの送り速度を求めることができる。				
ドリルの加工時間を求めることができる。				
最適な油剤を選択することができる。				
ノズルなどの調整ができる。				
測定精度に合った測定機器を選択できる。				
測定機の精度と基準について説明できる。				
一般的な測定器具を使用し精度良く測定できる。				
ノギス、マイクロメータの基点の確認と調整ができる。				
マシニングセンタ上で測定するときの注意点を説明できる。				
補正量の意味と必要性について説明できる。				
工具長補正を設定できる。				
工具径補正を設定できる。				
補正量を設定し、製品の寸法を正確にだすことができる。				
生産を行う場合の注意点を説明できる。				
プログラムの改善について提案することができる。				
安全に気をつけて製品を生産することができる。				

切削条件の再確認

　ワークやツールの取付け、ならびにプログラムのチェックが終わったので、次に実際の加工に入る。プログラムと座標系設定が完了したとしても侮ってはならない。実際に機械を動かしてみると、"うっかり"というミスもある。

　そこで、ここからは、テスト加工の手順ならびに量産に入るまでの過程について考えていく。手順としては、切削条件について再度確認を行い（工程①）、次に給油方法について検討し（工程②）、さらに加工したワークの測定を行い（工程③）、最後にワークの寸法出しを行って（工程④）初めて生産に入る。

切削条件の再確認

　切削条件の再確認を行う項目は主に、**回転速度**、**送り速度**、**切込み量**の3つになる。この切削条件は、工具メーカーのカタログなどを参考にすると簡単に調べることができるが、切削を行う前にもう一度、被削材や工具材を確認することが重要である。

　この節では、実際に加工を行うためにマシニングセンタの主軸回転数やテーブル送りを求める計算方法について再度確認を行うこととする。

■マシニングセンタの主軸の回転数

　マシニングセンタの主軸の回転数を求める式は、

$$n = \frac{1000 \times V_c}{\pi \times D} \quad \cdots\cdots\cdots (1)$$

　n：マシニングセンタの主軸の回転数（min^{-1}）

　V_c：切削速度（m/min）

　π：円周率

　D：工具直径（mm）

マシニングセンタの主軸の回転数を求める場合に、特に重要な項目は**切削速度 V_c** になる。切削速度とは、切削工具の刃先（チップ）が工作物から切りくずを削り取る時の速度である。また、切削速度は、工作物の硬さや粘性などの

Ⅶ. テスト加工

関係や工具材質、コーティングの有無や工具形状などの関係から決められている。切削速度を上げると回転数と送り速度も速くなり加工時間が短くなるが、切削速度を上げすぎると切削温度が上昇し工具寿命が悪くなる。さらに、切削速度を下げすぎても工具寿命が悪くなるため、切削速度の設定には注意が必要である。

また昨今、様々な工具メーカーから多種多様な工具が開発・販売されているため、同じ超硬の工具材質であっても工具ごとに再度カタログで切削速度を確認するほうが良い。実際の加工では、製品の形状や工作物の取付け方法などによってメーカーの推奨する条件範囲内においても上手くいかない場合がある。したがって、本加工を行う条件は、メーカー推奨条件から試し削りを行い最適な条件を探すほうが良い。

次に、切削速度の具体的な意味について説明する。

切削速度とは前にも説明した通り切削工具の刃先（チップ）が工作物から切りくずを削り取る時の速度であるが、簡単に言うと「**1分間に刃先（チップ）が何m移動するか**」ということになる。

ここで、刃先の移動距離を説明するために正面フライスとチップの移動距離の関係を**図1**に示す。これは、正面フライスが回転し刃先（チップ）自体も回転している状態を示している。たとえば、正面フライスを例にとり $V_c = 100$ m/min とあったならば、刃先（チップ）が1分間に100 m移動するということ

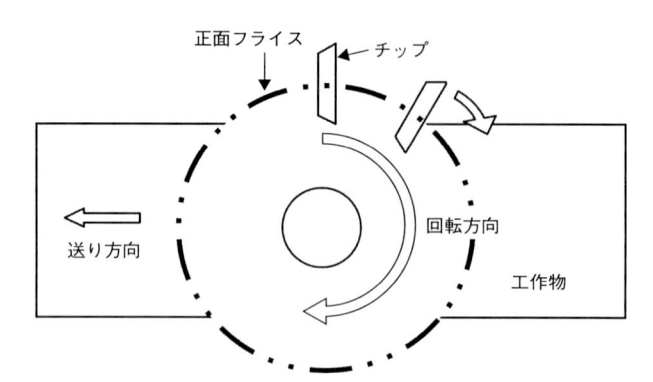

図1 切削速度とチップの移動距離の関係

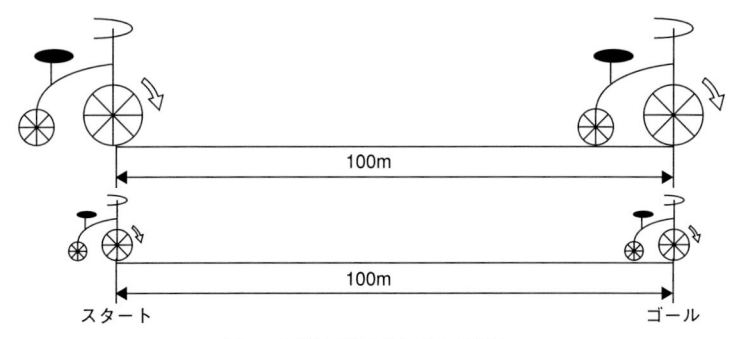

図2　移動距離と回転数の関係

になる。つまり、もっと簡単に説明すると、工具を自転車の車輪として「1分間頑張って自転車を漕いで100m進みなさい」ということである。ここでは、工具（チップ）が回転しているために移動という概念が理解しづらいが、それらを直線に置き換えて考えると理解しやすい。

　次に、切削速度が理解できると**回転数**は簡単に理解することができる。回転数を自転車に置き換えて考えると、漕ぐ回数がそれに相当する。つまり、難しい公式を利用しなくても、「**車輪の小さい方が漕ぐ回数が増える＝工具径の小さい方が回転数が増える**」ということが理解できる。つまり、図2に示すイメージを考えてほしい。

　ここで、公式(1)について説明すると、$1,000 \times V_c$の項は、切削速度Vの単位がm（メートル）であるのに対し、マシニングセンタで使用する工具径Dの単位がmm（ミリメートル）であるために切削速度Vに1,000をかけて単位（mm）を合わせている。また、$\pi \times D$の項は、工具の円周の長さ（mm）を表しており、切削速度V_cを100（m/min）とすると、$1,000 \times 100$（mm/min）の長さを円周$\pi \times D$（mm）で割ってあげればマシニングセンタの主軸の回転数Nを求めることができる。

送り速度

　送り速度は、工具またはテーブルの送り速度とドリルの送り速度の2通りが

Ⅷ. テスト加工

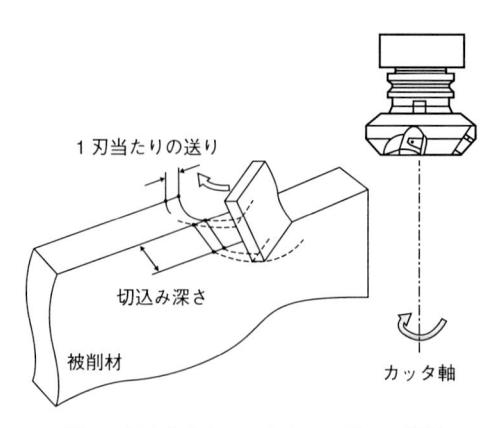

図3 送り速度と1刃当たりの送りの関係

ある。次にそれぞれについて説明する。

(1) 工具またはテーブルの送り速度(図3)

$V_f = f_z \times n \times z$

V_f：送り速度(mm/min)

f_z：1刃当たりの送り量(mm/刃)

n：回転数(rpm)(min^{-1})

z：刃数(枚)

工具またはテーブルの送り速度を求める場合に、1刃当たりの送り量f_zが重要になる。テーブルの送り速度は、工具が1回転する間に進む距離を示している。マシニングセンタなどで使用される正面フライスやエンドミルは、切削する刃(チップ)が1枚だけでなく何枚も付いている。そのため、1枚の刃(チップ)は、切削工具が1回転する間にどれくらい進むのかということを理解する必要がある。

1刃当たりの送り量f_zも各工具メーカーのカタログより条件を選択し、上述した式を利用してテーブル送り速度を算出する。しかし、送り速度は表面粗さと深い関係があり、特に仕上げの場合には図面に指定された粗さから決定する必要がある。

切削条件の再確認

(2) ドリルの送り速度（図4）

$V_f = f_r \times n$

V_f：送り速度（mm/min）

f_r：1回転当たりの送り量（mm/rev）

n：回転数（min^{-1}）

ドリルの送り速度は上述した式で求めることができる。しかし、f はドリルの場合に1回転当たりの送り量になるので注意が必要である。ただし、考え方などは、工具またはテーブルの送り速度と同様である。

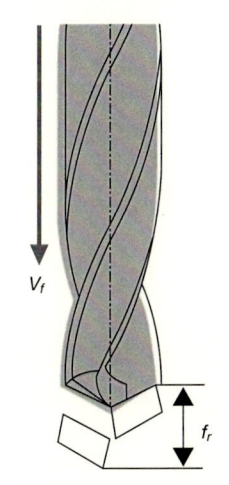

図4　ドリルの送り速度 V_f と1回転当たりの送り量 f_r

Ⅶ. テスト加工

給油の検討

切削油剤

切削油剤は、一般的に**水溶性油剤**と**不水溶性油剤**の2種類に分けられる。穴あけやタップ加工などは、不水溶性油剤のほうが良いというデータもあるが、環境問題や安全性を考えると、最近では水溶性油剤が多く使われている。

水溶性油剤も、細かくみると**エマルジョン型油剤**と**ソリューブル型油剤**などの油剤があり、それぞれの油剤には一長一短がある。

しかし、どちらの油剤に対しても濃度管理やpH管理は重要な確認事項であり、それらは工具寿命や加工精度などに影響される。最低でも濃度計などを使って切削油剤の濃度を管理することが必要である。最近では、環境問題やコストなどを考えて切削油剤をミスト状にして切れ刃に供給する**MQL**（Minimum Quantity Lubrication）**加工**なども利用されている（**写真1**）。

写真1　MQL供給装置

▌給油方法

　切削を行う場合には、切りくずの除去や、材料や工具の熱の発生を少なくするために給油が必要である。しかし、給油を行うにあたり、油、エア、給油の有無は初めに検討していただきたい注意事項である。例えば、正面フライス加工において、チップ材種にサーメットを使用し切削油剤をかけると、ヒートクラックが発生し工具寿命が極端に悪くなる場合がある。この場合には、切削油剤を使用するよりはMQLもしくはエアのほうが妥当である。

　ドリルには、**写真2**のようにオイルホールが付いた工具があり、直接刃先に切削油剤が直接かかり、さらに切りくずの排出などにも有効に作用する。マシニングセンタにスルースピンドルクーラントが付属しているならばオイルホールが付いたドリルを有効に利用したい。オイルホールが付いていない工具に対しては、**写真3**のように外から切削油剤をかける必要がある。その時のポイントは、切削油剤が刃先に直接当たるようにノズルを調節することが必要である。ワークに切削油剤が当たり、その反射で刃先にも切削油剤が当たっていると考えるのは難しい。安心は禁物である。

　ノズルの調節方法は、エンドミルなどの場合も同様に調節すればよいが、ここではドリルの場合を考えてみる。

　ノズルは、**図1**のように刃先に当たるように調節する。調節の仕方は、ノズ

写真2　内部給油　　　　　　　　写真3　外部給油

Ⅶ．テスト加工

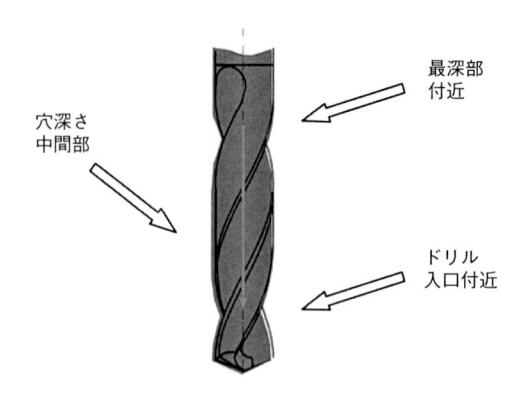

図1　切削油剤のかけ方のポイント

（ドリル図中ラベル：穴深さ中間部／最深部付近／ドリル入口付近）

写真4　ノズルの調節

ルの先端をドリルの先端、穴深さの中心部付近、最深部付近と合わせると良い（**写真4**）。基本的にノズルは2本より3本と多いほうが良いが、ノズルが少ない場合には、切削油剤がドリルを伝うようにノズルを調節する。これは、立形と横形のマシニングセンタのどちらの場合も同様にノズルを調節したほうが良い。ノズルがS字のように曲がっていると流量や圧力が変化してしまうので、ノズルはできるだけ真っ直になるように設定する。特にMQLを使用する場合には要注意である。

ワークの測定

　測定は、図面どおりに加工するために必要不可欠な作業である。また、品質の高い製品を安定して世の中に送り出すためには、各作業者が適切に測定することが重要になる。ここでは基本的な測定方法について説明する。

▌測定の基本的な方法

　各種の測定器や測定方法があるが、大別すると**直接測定**、**比較測定**、**限界ゲージ**の3つに分類できる。

(1) 直接測定（写真1）

　スケール、ノギス、マイクロメータなど直接測定器を被測定物に当てがい、実際の寸法を知る方法である。被測定物の寸法が直接読み取れることから、被測定物が少ない場合や、多種類の被測定物がある場合に有効である。

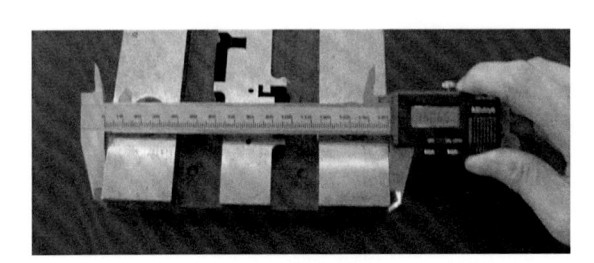

写真1　直接測定

(2) 比較測定（写真2）

　ブロックゲージなどの模範と被測定物を**ダイヤルゲージ**のような測定器によって比較し、目盛りによってその差を読み取る方法である。ダイヤルゲージなどを一定の位置に固定することで、たくさんの被測定物がある場合に能率的に寸法を測定することができる。ただし、直接寸法を測定できないので、模範との寸法差から計算する必要がある。

Ⅶ．テスト加工

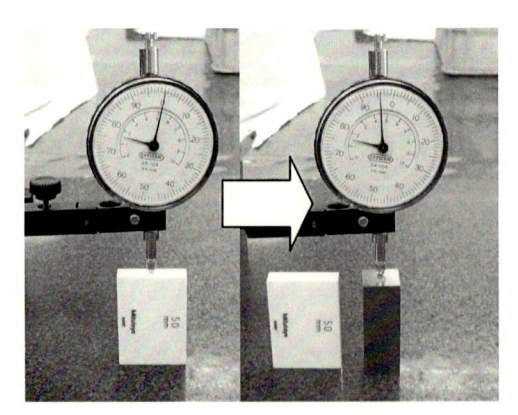

写真2　比較測定

(3) 限界ゲージ

　被測定物に与えられている許容差の最大許容寸法と最小許容寸法の両限界をもつゲージを作製し、そのゲージを用いることで被測定物が許容差の範囲内にあるかの合否を判定する。たくさんの被測定物がある場合に能率的に合否を判断できるが、寸法値を求めることはできないという問題がある。たとえば**プラグゲージやねじゲージ**がこれにあたる。

■測定の精度

　各測定器は許容差が与えられており、この各測定器の許容差を**精度**という。目盛りなどで読み取れる目幅（目盛りの間隔）に対応する測定量の大きさを**目量**というが、一般に精度は目量よりも精密にできているため、測定に適した環境で管理が行き届いた測定器を正しく使えば信頼のおける測定ができるようになっている。

　測定器の寸法を読み取る場合、測定者の目の位置によっても誤差が生ずる。これを**視差**と呼んでいる。これを防ぐためには、目の位置を目盛板に直角に、読み取る目盛に対して真正面から読み取る必要がある（**写真3**）。

　次に、測定環境について、埃や塵を挟み込むことがないようにすることはもちろん、温度も（測定物によっては湿度も）重要な要素である。基本的にはマ

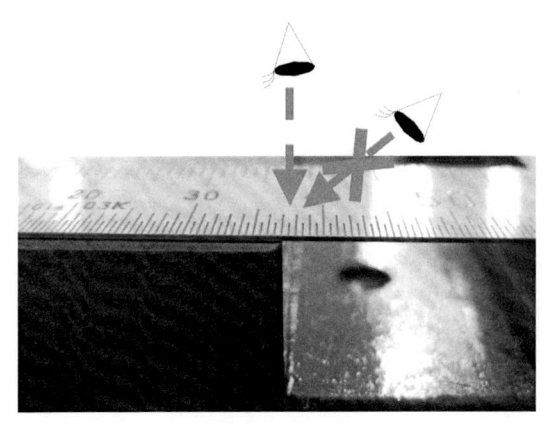

写真3　視差

シニングセンタの機械の上で測定することが多いので、注意が必要である。

　温度が1℃上昇すると長さが変化することも知っておく必要がある。これは、マシニングセンタで加工後すぐに測定した場合と、時間をおいて測定した場合とで値が変わってくることがあるからである。たとえば、100 mmの鋼材があったとすると、10℃温度が上昇すると約0.011 mm膨張してしまう。

　さらに詳しく説明すると、測定器と測定物が同じ材料ならば問題も生じにくいが、違う材料だとさらに問題が上乗せされる。それは、材料独自の**線膨張係数**（**表1**）が関係してくる。もし、正確に測定する必要がある場合には、被測定物や測定器が部屋の温度になじむ（同じ温度になる）まで待ってから測定する必要がある。材料を機械から外して定盤のように熱容量の大きな物の上に被測定物、測定器双方を載せると、比較的短時間で同一温度になりやすい。

表1　各材料の線膨張係数

材料（素材）	線膨張係数
超硬	4.7×10^{-6}
炭素鋼	10.9×10^{-6}
合金工具鋼	10.3×10^{-6}
黄銅	16.8×10^{-6}
アルミニウム	22.0×10^{-6}

$\delta_L = \alpha \times L \times \delta_t$
δ_L：伸び（mm）
α：線膨張係数
L：長さ（mm）
δ_t：温度変化（℃）

Ⅶ．テスト加工

■一般的な測定器の種類と使用方法の基本

1．スケール

スケール（直尺）（写真4）は、被測定物に当てがい、長さを測定する。目量は1mmや0.5mmのものがあるが、目盛り端面を測定基準位置にしっかりと合わせれば0.5mm単位に測定することが可能である。また、目盛り端面に傷を入れたり、スケール全体を曲げてしまわないように注意して使う必要がある。

スケールの仲間には、**巻尺（コンベックス）（写真5）**、**折尺**がある。

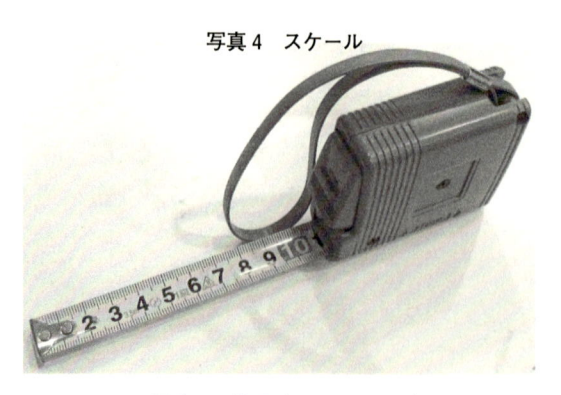

写真4　スケール

写真5　巻尺（コンベックス）

ワークの測定

2. ノギス

ノギス（**写真6**）は、ジョウをスライドさせ、外側測定面で被測定物を挟み込んで測定値を読み取る測定器である。溝や穴の内側を測定する場合には、内側用測定面を広げて被測定物に密着させて測定値を読み取る。また、小径穴の内径測定の場合、寸法が幾分か小さく読み取られることがある。本尺と副尺（バーニヤ）を組み合わせて測定することで目量を 0.05 mm（0.02 mm、0.1 mm のものもある）まで読み取ることができる構造になっている。

次にノギスの寸法の読取り方を説明する。

図1はノギスの一部の拡大図である。現場でよく使用されるノギスは、最小 0.05 mm、最大 150 mm まで測定できるものがある。測定方法は、①と②の2

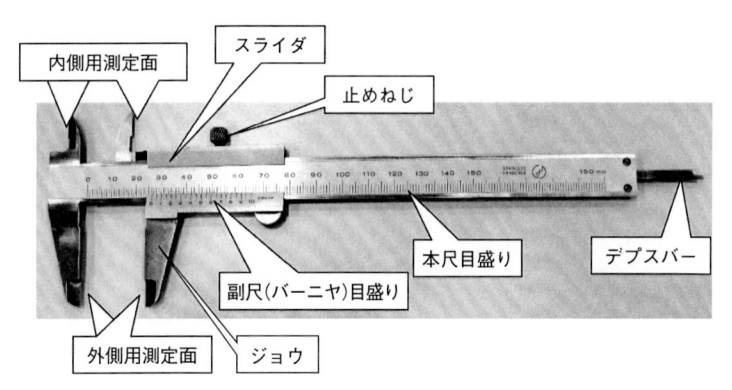

写真6　ノギス（M形ノギス）

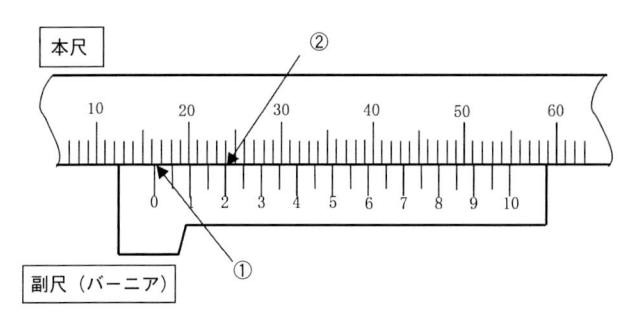

＊副尺の1目盛りは 0.05mm を示す。数値（0～10）は 0.1mm を示す。

図1　ノギスの寸法の読取り方

― 199 ―

箇所を見ることによって正確な寸法を読み取ることができる。

ノギスの目盛りの読み方の手順は以下の通りである。

手順1：①の部分に注目し、1 mm 単位でどのくらいの大きさであるかを調べる。

1）副尺目盛りの「0」の線が本尺目盛りのどこにあるかを見付け出す。
2）図1では、「16」と「17」の目盛りの間にある（「0」の位置が測定物の大きさを示す）。
3）測定物が 16 mm より大きく 17 mm より小さいこと（16.??mm）を示している。

手順2：②の部分に注目し、小数点以下の正確な大きさを調べる。

1）副尺目盛りの線と本尺目盛りの線が上下で完全に一致している（一直線になっている）所を見付け出す。
2）図1では、副尺目盛りの「2」で上下の位置が一致している。
3）副尺目盛りの数値は 0.1 mm を示すので、0.2 mm と読める。

手順3：最後に手順1と手順2の寸法を足し合わせる。

$$測定値 = 本尺 + 副尺 = 16.00（本尺）+ 0.20（副尺）= 16.20 \text{ mm}$$

ノギスの仲間には、**デプスゲージ**、**ハイトゲージ**がある。

3. マイクロメータ

ねじを1回転させるとリードの分だけ進むが、これを測定用に応用したのが**マイクロメータ**である。最も一般的な**外側マイクロメータ**（**写真7**）では、アンビルの測定面とスピンドルの測定面の間に被測定物を挟みこんで目盛りを読み取る。測定ねじの加工精度から 25 mm ごとに（0～25 mm 測定用、25 mm ～50 mm 測定用のように）専用のマイクロメータが必要となる。

挟み込む際、測定圧により被測定物や測定器が変形し読取り値が変わってしまうためラチェットストップを使用することが望ましい。

マイクロメータの読み取り方について説明する。

図2にマイクロメータの一部の拡大図を示す。工場で使用するマイクロメー

ワークの測定

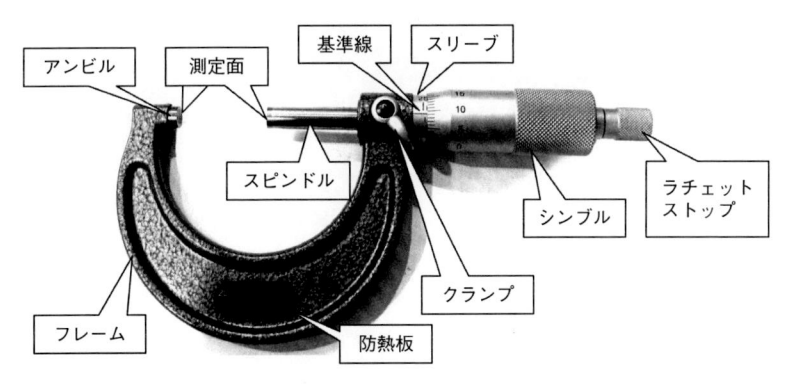

写真7　外側マイクロメータ

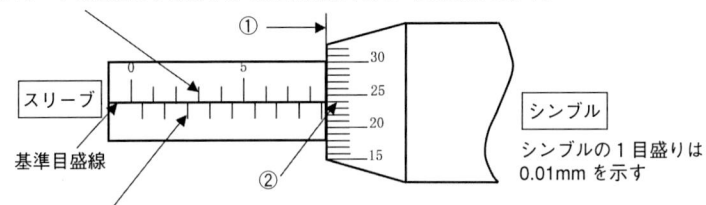

図2　マイクロメータの寸法の読取り方

タは、最小 0.01 mm まで測定できるものが一般的である。①と②の2箇所を見ることによって正確な寸法を読み取ることができる。

マイクロメータの読取り方の手順を示す。

手順1：①の部分に注目し、0.5 mm 単位でどのくらいの大きさであるかを調べる。

1）シンブルの端の位置がスリーブ目盛りのどこにあるかを見付け出す。
2）図2では、スリーブ目盛りの「8.5」と「9」の間にあることがわかる。これが測定物の大きさを示す。
3）測定物が 8.5 mm より大きく 9 mm より小さいことを示す。実際に 9 mm の目盛りは見えないが、次の線を予測する。

手順2：②の部分に注目し、小数点以下の正確な大きさを調べる。

— 201 —

Ⅶ．テスト加工

1）スリーブの基準目盛り線がシンブルの目盛りのどこにあるかを見付け出す。
2）図2では、スリーブ目盛りの「24」のところで基準目盛り線と一致していることがわかる。
3）スリーブ目盛りは0.01 mmなので、0.24 mmとなる。

手順3：手順1と手順2の目盛を足し合せる。

8.74 mm（測定値）
＝8.5 mm（スリーブの目盛り）＋0.24 mm（シンブルの目盛り）

使用上の注意としては、0.5 mmの読取り間違いに注意することが必要である。できればノギスと併用して使用すると読み間違いが少なくなる。

外側マイクロメータの仲間には、**キャリパ形内側マイクロメータ、棒形内側マイクロメータ、三点測定式内側マイクロメータ、デプスマイクロメータ**などがある。

4．ダイヤルゲージ

ダイヤルゲージは大きく分けて、**スピンドル式ダイヤルゲージとてこ式ダイヤルゲージ**がある（写真8）。どちらもマグネットスタンドなどの保持具に取り付けて使用するが、マグネットスタンドなどの可動部は固定後、しばらくの時間（5分ほど）わずかではあるが動いてしまうので、固定後しばらく待ったほうが精度の良い測定ができる。

てこ式ダイヤルゲージは狭い個所の測定に適している。しかし、測定子（写真9）と測定面との接触角度が大きくなるにつれ誤差が大きくなること、引く方向に動かしたときのみ値を読み取ることができる点に注意を要する。また、ダイヤルゲージ全般に言えることであるが、測定面に接触させる際に衝撃を加えないこと、被測定物の段差などで測定子へ横方向から力がかからないよう注意して取り扱うことに注意しなければならない。

ワークの測定

(a) スピンドル式ダイヤルゲージ　　(b) てこ式ダイヤルゲージ

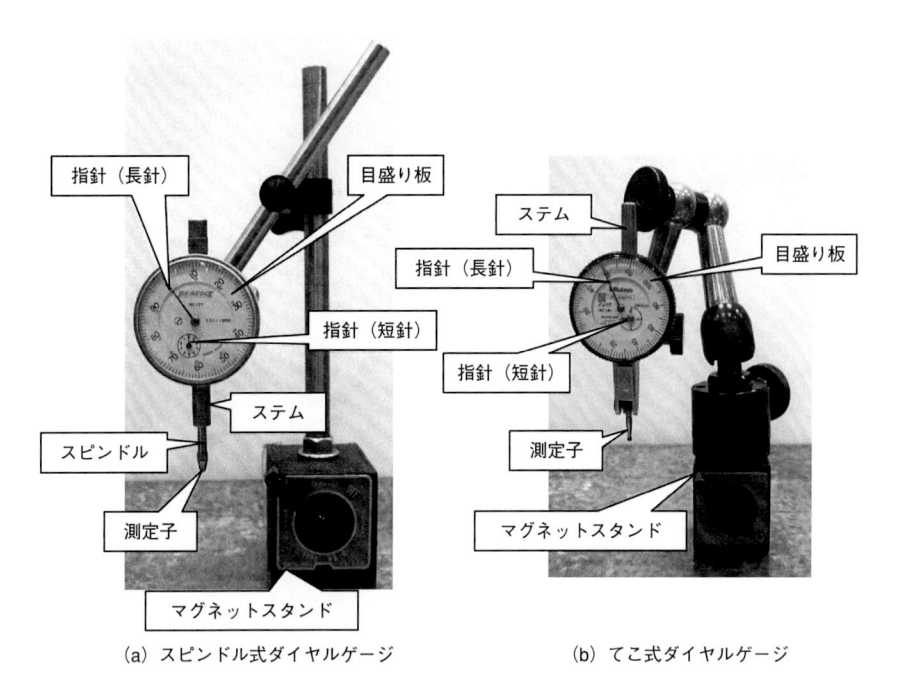

写真8　ダイヤルゲージ

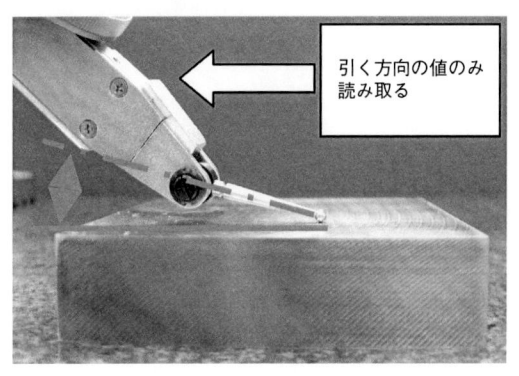

写真9　てこ式ダイヤルゲージの測定子

Ⅶ．テスト加工

5. 面粗さの測定方法

　面粗さを測定するために多く用いられている方法は、**表面粗さ標準片**による比較測定、または**表面粗さ測定機**による測定の2つの方法がある。

　表面粗さ標準片（**写真10**）は、比較する面の加工方法（旋削、平面研削など）や粗さのパラメータごとにさまざまな種類がある。測定したい面やパラメー

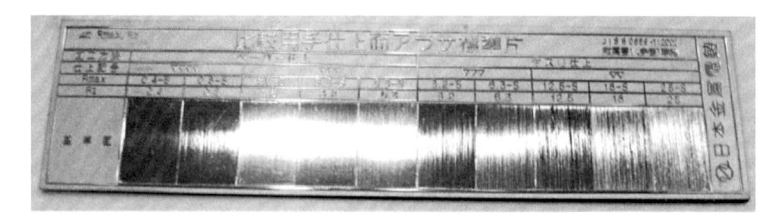

写真10　表面粗さ標準片

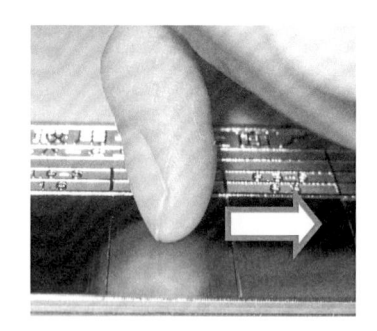

写真11　表面粗さの読取り方法

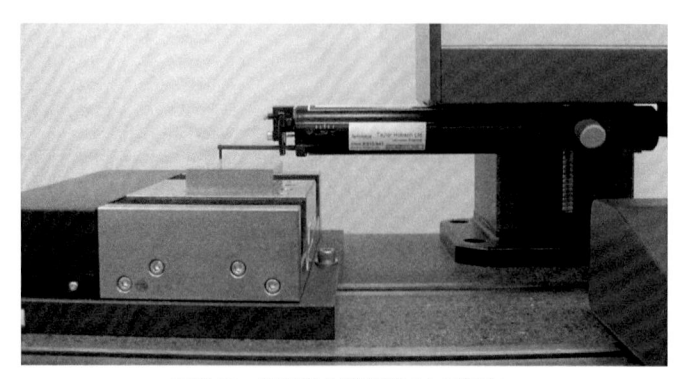

写真12　表面粗さ測定機による測定

タに合わせた標準片を用意し、被測定物と標準片を交互に筋目（加工跡）と直行する方向に小指のつめでなぞって表面の微小な凹凸を比較しおおよその面粗さを読み取る（**写真11**）。

表面粗さ測定機（触針法）による測定（**写真12**）では、測定機の触針の先で表面をなぞることで微小な凹凸を記録、計算し表示する。特に指定がない場合、筋目（加工跡）とは直行方向に測定する。図面では Ra（**算術平均粗さ**）や Rz（**最大高さ粗さ**）の指定があるので、完成後の製品では測定することも必要がある。作業者が見た表面粗さの感覚と実際の表面粗さとの間には隔たりがある場合がある。コスト高や過剰品質にならないことを心がけるためには実際の測定が必要不可欠である。

注意事項

すべての測定器を使用する前に注意するべきことは、基点を確認することである。ゼロがずれていると正確に測定を行うことはできない。

ここでは、マイクロメータを例にとりゼロの確認の仕方を説明する。

マイクロメータの測定範囲が 0〜25 mm までは、スピンドルをそのまま測定面に合わせてゼロを確認する。それより大きな測定範囲をもつマイクロメータは、**写真13(左)** に示すように基準のゲージをマイクロメータに挟んで確認を行う。基準のゲージはマイクロメータの購入時に付属してくる。ゲージを挟む前には、写真13(右)のように紙を挟んで測定面をきれいにしてから行う。

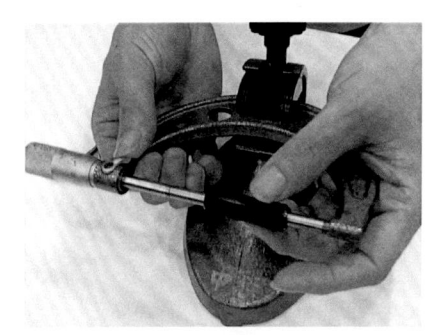

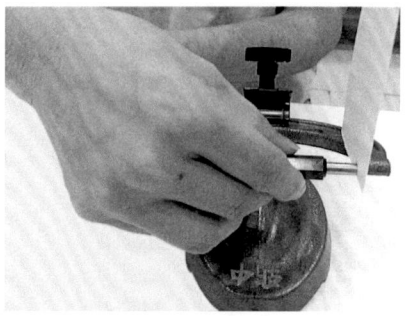

写真13　マイクロメータのゼロ点の確認方法

Ⅶ．テスト加工

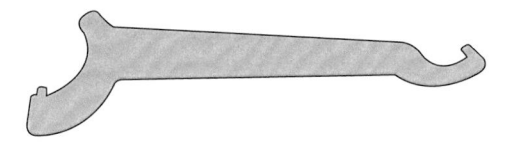

図3　フックスパナ

　もしゼロが合っていない場合は、**図 3** に示すようなフックスパナを使用して調整する。調整法は、±0.01 mm 以上の場合と、以下の場合で方法が違う。±0.01 mm 以下の場合は、スリーブの裏側にある穴にフックスパナを合わせ、メモリがゼロになるように調整する。±0.01 mm 以上の場合は、シンブルとスリーブのメモリを大まかに調整し、後は±0.01 mm 以下の場合と同様に行う。測定器は、マイクロメータに限らず温度や視差などにも配慮し使用することが重要である。

補 正 量 設 定

▍補正量設定の必要性

　図面には寸法が指定してあるので、その寸法になるように製品を作製する必要がある。製品や金型の部品について、各部の寸法を（例えば 1μm 単位で）狂いもなく加工することは困難である。製品や金型の図面には、各部品の使用目的、機能に応じ許される範囲の寸法や幾何形状の誤差を定めている。これを**公差**と呼んでいる。すなわち、製品は、指定された寸法にすることはもちろん、さらに公差内に作製する必要がある。公差には、寸法について定める**寸法公差**と、幾何形状について定める**幾何公差**があるので、注意が必要である。図面に特に記載されていない場合には，加工法別に**普通公差**が定められている。

　図1を例にして見ると、部品の A 部は 19.97 mm～19.99 mm になるように、部品の B 部は 20.00 mm～20.02 mm になるように作製する必要がある。A 部も B 部も基準になる寸法は 20 mm であるが、A 部はマイナス公差になっていて 20.00 mm に作ると不良品になる。また、B 部はプラス公差になっていて 20.00 mm よりも少し大きめに作ることが必要になる。

　しかし、マシニングセンタを使用してプログラムを形状の通りに作成したとしても、切削工具の摩耗やたおれなど状態によって公差内に製品が出来上がるかどうか不安がある。したがって、最終的に作業者が製品を測定し指定寸法に

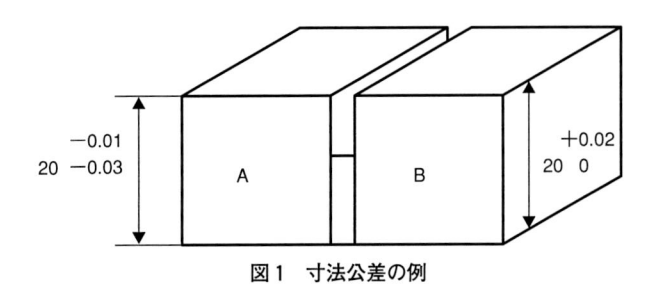

図1　寸法公差の例

Ⅶ. テスト加工

仕上げる必要がある。その時に必要になってくる機能が**補正量設定**である。

▍補正量設定の手順

例として**図2**に示すような製品形状があったとする。製品は、図面寸法から50.00 mm～50.02 mm で作製する必要がある。それで、最終的に目標とする寸法は、会社ごとにいろいろな考え方があるが50.00 mm～50.02 mm の中心を目標とすることが望ましい。すなわち、50.01 mm を目標として形状を作製する必要がある。

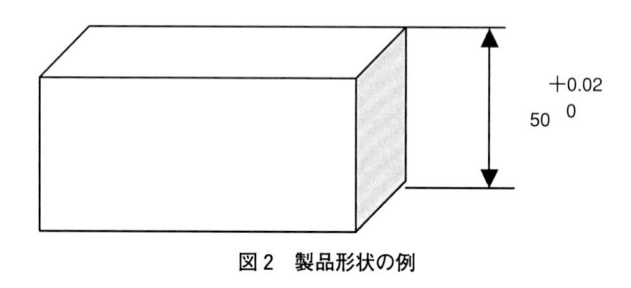

図2 製品形状の例

（1）実際の寸法より大きめに切削

いきなり製品の目標寸法で切削してしまうと、工具の設定の関係で削りすぎる可能性がある。そうならないためにも、仕上げ寸法よりも大きめに削り代を

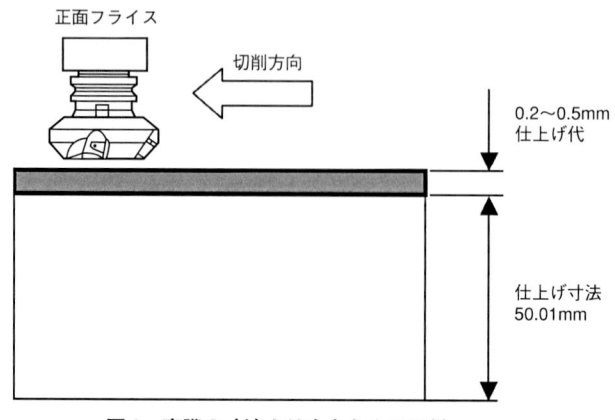

図3 実際の寸法よりも大きめに切削

— 208 —

補正量設定

残しておいたほうが良い。基本的に削り代は、0.2 mm～0.5 mm ぐらいの仕上げ代があると良い（**図3**）。少なすぎると工具が滑ってしまって、図面どおりの仕上げ面を得られない場合があるので注意が必要である。

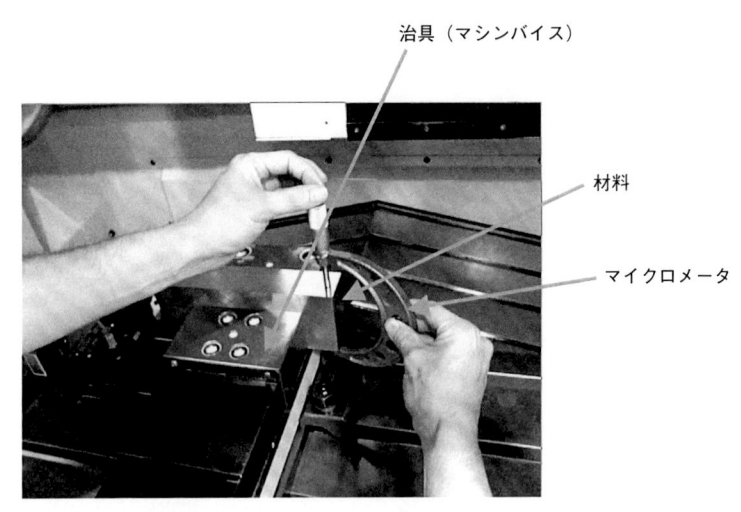

写真1　マイクロメータによる測定

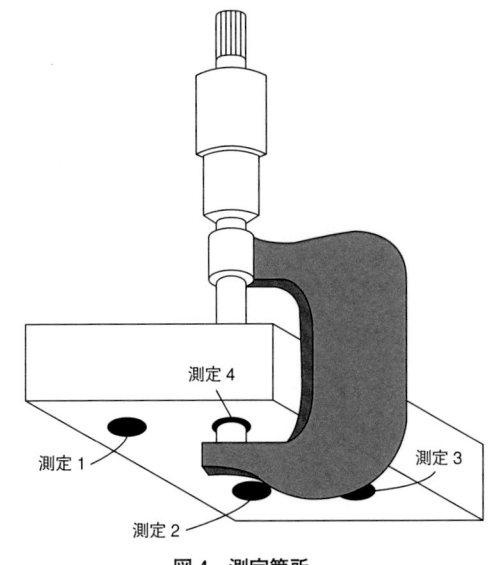

図4　測定箇所

Ⅶ. テスト加工

(2) 製品の測定

写真1はマイクロメータで測定している様子を示す。取り代を約 0.5 mm 残している場合には、マイクロメータの目盛りに注意してほしい。慣れない場合はノギスと併用すると良い。測定器の使い方は前章で説明したが、実際に使う場合には、**図4**のように「測定1」と「測定2」ならびに「測定3」と「測定4」のように材料の端のほうを最低2か所ぐらい測定することをお勧めする。もし、「測定1」と「測定2」の測定値が違う場合には、材料が斜めに付いている可能性がある。さらには、工具の逃げなども考えられるので、精密な部品を作製する場合には特に注意が必要である。測定の時には、材料を取り外さずに治具(マシンバイス)に取り付けたまま測定するので、2か所以上測定できない場合には特に注意が必要である。

(3) 補正量の入力

(2)の工程で製品の寸法を測定した後、実際の図面の寸法精度に作製するために測定した寸法を機械に教えてあげる必要性がある。その機械に教える作業が補正量の入力になる (**写真2**)。

「プログラミング」の節で下記のようなプログラムを作成した。機械によってはGコードの番号 (G 41, G 42, G 43) が違うこともあるが、考え方は同じである。

　　G 43　Z 50.0　H 01；
　　G 41 (G 42) X 10.0　Y 10.0　D 01；

まず「G 43……H 01」のブロックから考えてみる。これは、**工具長補正**のプログラムを示している。機械は、H 01 に入力されている数値を確認して取り付けてある工具の長さを確認する。したがって、**図5**のように高さ方向の寸法を調節する場合には、画面の H 01 (補正量) の項目に数値を入れることになる。具体的には、初めに図面寸法と測定値の差を求める。

図面寸法と測定値の差＝図面寸法－測定値

この値を補正量に加算する。

補正量 (H＊＊) ＝ (現在の補正量) ＋ (図面寸法と測定値の差)

補正量設定

写真2　補正量入力画面

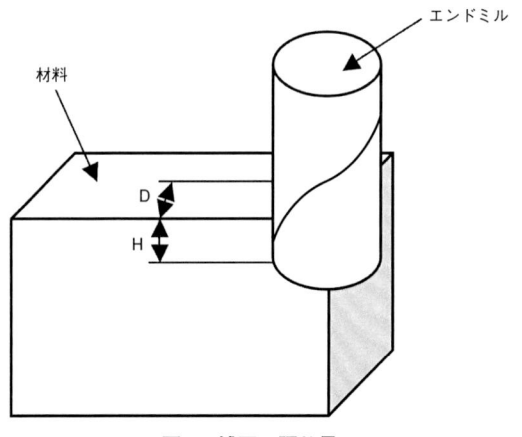

図5　補正の調整量

　次に、「G 41（G 42）……D 01；」のブロックについて考えてみる。考え方は、工具長補正の時と同様である。だだし、今度は材料の幅など縦横方向の寸法を補正する方法になる。これは、**工具径補正**と呼ばれている。したがって、図5のように径方向の寸法を調節する場合には、画面の「D 01（補正量）」の項目に数値を入れることになる。

　具体的には、工具長補正の時と同様に、図面寸法と測定値の差を求め、その

Ⅶ. テスト加工

値を補正量に加算する。

　　補正量（D＊＊）＝（現在の補正量）＋（図面寸法と測定値の差）

(4) 再加工

補正量が入力されたことを確認して、もう一度加工を行う（図6）。この時に補正量の大きさ、ならびに方向が間違っていないか確認が必要である。

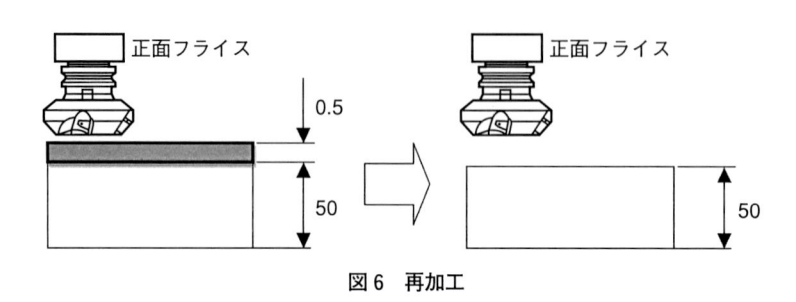

図6　再加工

(5) 寸法チェック

最後にもう一度、寸法のチェックを行う。それで図面の寸法通りに作製されているかを確認する。確認が終わったら材料を外して完成である。

実生産での注意点

テスト加工が終わったら、生産に入る。

生産は、基本的には、プログラムの先頭にカーソルを持ってきてスタートボタンを押すだけである（写真1、写真2）。材料も2個目になり、プログラムは特に問題はないと思うが、寸法調節のときに補正量（工具長補正、工具径補正）を変更しているのでもう一度確認したほうが良い。

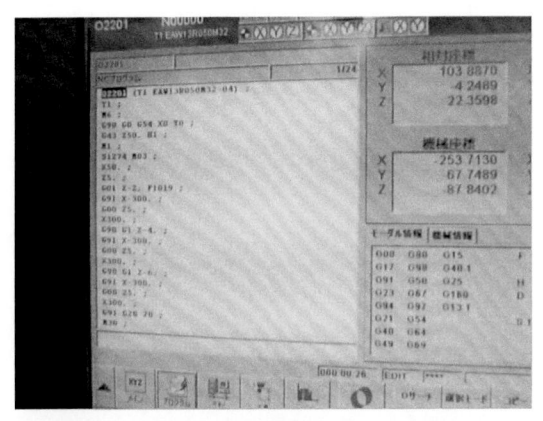

写真1　プログラムの先頭にカーソルを移動する

写真2　2個目の生産をスタート

Ⅶ．テスト加工

それから、生産に入る場合には、加工時間も考慮に入れるべきである。加工時間は、生産のコストに関係する重要な要素であり、量産の場合、特に問題になる部分でもある。例えば、ドリルの加工時間は、次式で求めることができる。

$$T_c = \frac{l_d \times i}{n \times f_r}$$

T_c：加工時間（min）
l_d：穴あけ長さ（mm）
i：個数
n：回転数（min^{-1}）
f_r：1回転当たりの送り量（mm/rev）

加工時間は、1穴の加工時間に穴数をかけて求める。穴加工をマシニングセンタで行う場合、加工プログラムが簡単にできるように**固定サイクル**を利用する場合が多い。

穴加工で多く使用される固定サイクルは、ドリル加工サイクル（G81）と深穴加工サイクル（G83）である。Gコードはファナックの制御装置のものを参考にした。固定サイクルのGコードは、各メーカーで違う場合があるので使用されている機械のマニュアルを参考にされたい。

図1に穴加工の固定サイクルを示す。図1の実線の矢印は実際の加工を表し、

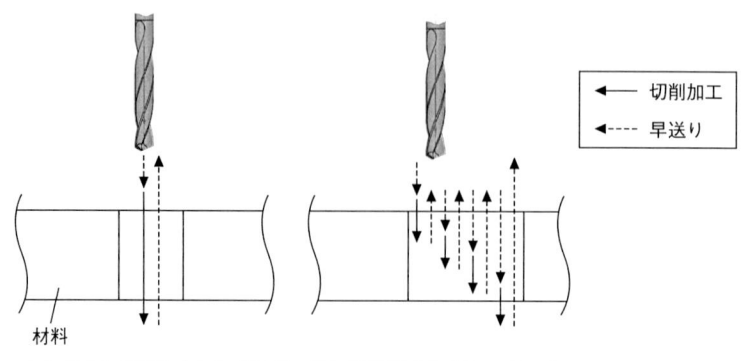

(a) ドリル加工サイクル（G81）　(b) 深穴加工サイクル（G83）
図1　穴加工の固定サイクル

点線の矢印は早送りを表している。どちらも穴あけ箇所までは早送りで移動し、そこから実際の加工を行う。ドリル加工サイクルの場合は、穴が貫通すると早送りでドリルが穴あけ開始点に移動する。深穴加工サイクルは、少し加工するとドリルが早送りで上に戻り、加工するとまた上に戻るように繰り返し移動し加工を行う。これは、穴加工時の切りくずの排除や工具と材料間に発生する熱の上昇を防止する働きがある。しかし、加工時間だけを考えると無駄な動きである。

　さらにドリルの加工時間を求める式は、実加工時間を求めることができるが工具の移動時間までは考慮されてなく、実際の加工時間まで求めることはできない。実際は、ドリル加工だけではなく、エンドミル加工や正面フライス加工などすべての工程において、材料を切削している時間よりも工具が移動している時間のほうが多い。実際の加工時間と切削している時間を比較すると、切削時間が全体の3割で工具を移動させている時間が全体の7割ぐらいを占めている場合がある。

　そこで、**写真3**のように、早送りオーバーライドが100％になっていることを最低でも確認したほうが良い。もし余力があるならば、加工プログラムをもう一度見直し無駄な動きがないかもチェックすることを勧める。2個目の製品

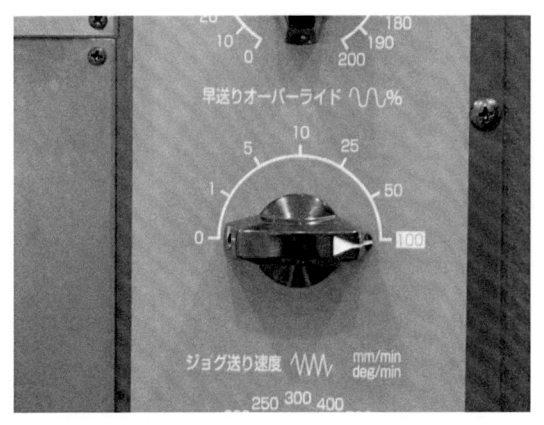

写真3　早送りオーバーライドの確認

Ⅶ．テスト加工

に対しては、補正量の確認も含めもう一度測定し、図面寸法との比較を行うほうが確実である。

　生産を続けていくと、工具も徐々に摩耗してくる。工具が摩耗すると、製品の寸法が変化していくので、最初に設定した補正量をもう一度見直す必要がある。公差の厳しい箇所は、製品の寸法を定量的に確認する必要がある。

　さらに、工具がチッピングすると材料に傷が入り、最悪場合に不良品を作成することがある。工具の刃先には、製品同様に気を配ったほうが良い。

　最後にくどいようであるが、安全にはくれぐれも気をつけて作業を進めていただきたい。

索引
(五十音順)

英数字

ATC ·················· 93, 99, 165
ATC アーム ·················· 99
APC ·························· 97
BT タイプツールシャンク ········ 100
B 軸 ·························· 97
CAM ···················· 48, 154
CCT 曲線 ···················· 127
Chip to Chip ·················· 99
CL ·························· 154
G コード ······················ 44
HPCC ························ 49
HSK タイプツールシャンク ······ 101
JIS 規格 ···················· 114
K 種系列 ······················ 87
MQL 加工 ···················· 192
M コード ······················ 44
M 種系列 ······················ 87
NC 制御 ·················· 41, 93
NC 装置 ······················ 93
NC プログラム ············ 14, 44
NURBS 補間 ·················· 49
PVD ························ 133
P 種系列 ······················ 87
Tool to Tool ·················· 99
2 段食付き ···················· 84

2 面拘束 ···················· 101
5 軸制御加工 ·················· 51

あ 行

アキシャルレーキ ·············· 59
アップカット ·················· 29
穴加工 ·················· 35, 146
アプローチ角 ·················· 62
アライメント ················ 148
アルミニウム合金 ············ 114
位置度 ······················ 146
うねり ······················ 145
エアカット ·················· 182
エキセントリックレリーフ ······ 81
エッジ精度 ···················· 22
エマルジョン型切削油剤 ···· 21, 192
エンゲージ角 ·················· 31
円筒度 ······················ 146
エンドミル ············ 32, 69, 145
オイルホール ················ 193
応力 ························ 118
送り駆動装置 ·················· 93
送り速度 ················ 25, 189
送り分力 ······················ 19

か 行

快削鋼 ······················ 116

索　引

回転速度 ……………………… 187
拡散浸透 ……………………… 133
加工基準 ……………………… 148
加工工程表 …………………… 150
加工精度……………………… 22
カスタムマクロ ……………… 47
肩削り形正面フライス………… 58
硬さ …………………………… 120
硬さ試験 ……………………… 120
傾き …………………………… 145
機械構造用鋼 ………………… 114
機械座標系 …………………… 177
機械的性質 …………………… 112
幾何公差 ………………… 143, 207
基準工具 ……………………… 171
基準バー ……………………… 181
強度 …………………………… 118
許容応力 ……………………… 110
切りくず ……………………… 17
切込み量………………… 25, 187
グラインディングセンタ ……… 53
切れ刃傾き角 ………………… 61
食付き角 ……………………… 84
食付き切れ刃 ………………… 84
食付きテーパ ………………… 84
食付き部 ……………………… 81
クローズドループ …………… 41
クローネンベルグの式 ……… 61
形状精度 ……………………… 22
結合物質 ……………………… 86
限界ゲージ …………………… 196

研削加工……………………… 53
研削砥石……………………… 53
工具径補正 …………………… 212
工具寿命 ……………………… 20
工具長 ………………………… 167
工具長補正 ……………… 168, 210
交差 …………………………… 207
硬質物質 ……………………… 86
高精度輪郭制御……………… 49
構成刃先 ……………………… 18
高速切削加工………………… 50
高速度工具鋼 ………………… 86
工程設計 ……………………… 137
降伏応力 ……………………… 118
固定形コラム………………… 95
固定サイクル ………………… 214
コーティング………………… 88
コーナチャンファ…………… 74
コラム ………………………… 95
コレット ……………………… 102
コンエキセントリックレリーフ… 81
コンセントリックレリーフ…… 81

さ　行

材料記号 ……………………… 114
材料特性 ……………………… 118
サドル ………………………… 95
サーメット …………………… 89
さらい刃 ……………………… 62
仕上げ面精度 …………… 22, 24
視差 …………………………… 196

索引

自動工具交換装置 ……………93, 99
自動パレット交換装置………………97
主軸装置 ………………………………93
主分力 …………………………………19
衝撃強さ ……………………………120
象限突起………………………………42
正面フライス ………………30, 57, 143
心厚テーパ……………………………77
真円度 ………………………………146
シンクロタップ………………………81
靭性 …………………………118, 120
心出しバー…………………………179
浸炭処理 ……………………………133
シンニング ………………………36, 77
垂直すくい角…………………………61
水溶性切削油剤……………………21, 192
すくい角………………………………59
スクエアエンドミル…………………70
スケール ……………………………198
ステンレス鋼 ………………………124
ストレートシャンクドリル…………75
ストレートシャンクリーマ…………83
スパイラルタップ……………………80
スパイラルポイントタップ…………80
スピンドル式ダイヤルゲージ……202
スピンドルヘッド……………………94
スラスト …………………………19, 36
スローアウェイエンドミル…………69
スローアウェイチップ………………63
寸法公差 …………………………143, 207
寸法精度…………………………………22

静的精度………………………………23
切削加工………………………………14
切削速度……………………………25, 187
切削抵抗………………………………18
切削熱…………………………………19
切削油剤……………………………21, 192
セミクローズドループ………………41
旋削加工………………………………14
せん断作用……………………………16
線膨張係数…………………………197
ソリッドエンドミル…………………69
ソリューブル型切削油剤…………192

た　行

耐摩耗性……………………………130
ダイヤルゲージ …………………166, 202
ダイレクトタップ…………………38, 81
ダウンカット…………………………29
タップ ……………………………37, 79
立形マシニングセンタ ……………93, 94
ダブルネガ刃形………………………60
ダブルポジ刃形………………………60
たわみ…………………………………24
段加工………………………………144
炭素 …………………………………112, 116
段差加工……………………………144
段取り作業…………………………138
チゼルエッジ…………………………36
チャッキングリーマ…………………84
超硬合金………………………………87
超微粒子超硬合金……………………88

索　引

直接測定	195
直溝タップ	80
チップコンベヤ	97
突出し長さ	71
ツーリングシステム	102
ツーリングリスト	152
ツールセッタ	181
ツールセッティング	163
ツールパス	154
ツールプリセッタ	103, 169
ツールホルダ	100, 163
ツールマガジン	99
ディスエンゲージ角	31
てこ式ダイヤルゲージ	202
データム	148
テーパシャンクドリル	75
テーパシャンクリーマ	83
テーブル	94
テーラーの寿命方程式	21
鉄-炭素系平衡状態図	125
転削加工	14
ドライラン	182
トラベリング形コラム	95
取付け具	104
ドリル	36, 75, 93, 146

な　行

中ぐり加工	35, 40, 93
難削材	110, 130
逃げ角	81
逃げ面摩耗	20
ネガティブすくい角	59
ネガポジ刃形	60
ねじ切りエンドミル	38
ねじ切りカッタ	82
ねじれ角	73, 76
熱処理	125
熱伝導率	124
熱膨張	23
ノギス	199
伸び	119

は　行

ハイス	86
バイス	104, 173
背分力	19, 32, 62
鋼	116
バックテーパ	78
バニッシング	84
ハンドリーマ	84
比較測定	195
被削性	110
ひずみ	119, 132
左スパイラルタップ	80
引張強さ	118
被覆処理	133
表面粗さ	24, 143, 204
表面粗さ測定機	204
表面粗さ標準片	204
表面処理	133
平削り形正面フライス	58
疲労強度	122

索　引

疲労試験 …………………123
不水溶性切削油剤…………22, 192
普通交差 …………………207
物理蒸着法 ………………133
フライス …………………27, 93
フランク摩耗……………20
フルクローズドループ………41
プルスタッド ………………100
プログラム原点 ……………148, 177
プログラムチェック ………182
平面加工……………………58, 143
ベッド ……………………95
ヘリカル補間………………82
ポイントタップ……………80
ポケット加工 ………………144
ポジティブすくい角………59
ポストプロセッサ …………157
補正量設定 …………………208
ボーリング ………………35, 40, 84, 93
ボールエンドミル…………70
ボールねじ…………………42

ま　行

マイクロメータ ……………200, 209
巻尺 ………………………198
マシニングセンタ …………14, 93
マージン……………………84
マシンバイス ………………104
マシンリーマ………………84
マニュアルプログラミング …154

溝加工………………………70, 144
溝なしタップ………………80
ミーリングチャック ………102, 163
ミルシート …………………112
盛上げタップ………………80
目量 ………………………196

や　行

焼入れ ……………………125, 126, 128
焼なまし …………………125, 132
焼ならし …………………125
焼戻し ……………………125, 131
焼割れ ……………………129
ヤング率 …………………118
油圧バイス ………………104
横形マシニングセンタ ……93, 97

ら　行

ラジアスエンドミル………70
ラジアルレーキ……………59
ラフィングエンドミル……71
リジットタップ……………38
リード ……………………75
リーマ ……………………39, 83
連続冷却変態曲線 …………127
ろう付けエンドミル………69

わ　行

ワーク座標系 ………………177
割出し機能…………………97

マシニングセンタ作業　ここまでわかれば「一人前」　　　　　NDC 532

2010年 8 月30日　初版 1 刷発行　　　　　　　　　　　　（定価はカバーに表示してあります）
2025年 5 月31日　初版10刷発行

　　　　　　　　　　　　Ⓒ 編著者　　森　　　州　範
　　　　　　　　　　　　　発行者　　井　水　治　博
　　　　　　　　　　　　　発行所　　日刊工業新聞社

　　　　　　　　　　〒103-8548　東京都中央区日本橋小網町 14-1
　　　　　　　　　　電話　編集部　東京　03-5644-7490
　　　　　　　　　　　　　販売部　東京　03-5644-7403
　　　　　　　　　　　　　FAX　　　　　03-5644-7400
　　　　　　　　　　振替口座　00190-2-186076
　　　　　　　　　　URL　　https://pub.nikkan.co.jp/
　　　　　　　　　　e-mail　info_shuppan@nikkan.tech

　　　　　　　　　　印刷・製本　　新日本印刷㈱(POD 4)

落丁・乱丁本はお取り替えいたします。　2010 Printed in Japan
ISBN 978- 4-526-06502-6

本書の無断複写は、著作権法上での例外を除き、禁じられています。